KB272837

미래를 만듭니다

AI 세상을 바꾸는
산업공학

조성준
문일경
박건수
박우진
윤명환
이경식
이덕주
이성주
이재욱

사이언스북스
SCIENCE BOOKS

AI 시대, 산업공학의 두 번째 전성기

20세기 중반, 미국은 그야말로 넓고 복잡한 나라였다. 대륙 전역에 걸쳐 수많은 사람들이 흩어져 살고 있었고, 곳곳에서 음식, 옷, 석유, 무기 등 다양한 물자가 생산되고 있었다. 또한 조선공학자, 기계공학자, 항공공학자 들이 배, 기차, 자동차, 비행기를 설계하고 생산해 사람과 물자를 이동시키고 있었다. 그러나 미국은 제2차 세계 대전에 참전하면서 새로운 종류의 문제에 직면했다. 광활한 영토 곳곳에서 만들어진 무기와 보급품, 훈련된 병력을 유럽과 아프리카 전장으로 어떻게 빠르고 안전하게 이동시킬 것인가? 이 문제는 단순히 '잘 만든' 무기나 교통 수단의 문제가 아니었다. '무엇을 어디서, 언제, 얼마나, 어떻게' 움직여야 하는지를 판단하고 수리적으로 최적화해 실행에 옮겨야 하는 문제였다. 이 복잡한 문제를 시스템으로 해결한 것이 바로 산업공학자(industrial engineer)로, 자원을 효율적으로 배치하고 시간과 비용을 최소화하며 복잡한 시스템을 최적으로 운영하는 방법을 수리적으로 도출해 냈다. 산업공학자란 '만드는 사람'이 아니라, '만들어 놓은 것들을 잘 활용하는 사람'이었다.

컴퓨터가 나왔을 때도 같은 일이 벌어졌다. 20세기 후반 세상은 또 한 번의 혁신을 맞이했다. 바로 컴퓨터의 등장이다. 컴퓨터 하드웨어와 소프트웨어는 전형적인 컴퓨터공학자들이 설계하고 구현한 작품이다. 그들은 가능한 많은 상황에 범용적으로 대응할 수 있는 시스템을 만들고자 했다. "As general as possible." 가능한 한 일반화된 구조를 만들고, 어디에든 쓰일 수 있도록 설계하는 것이 컴퓨터 사이언스의 미덕이었다.

하지만 기업의 입장에서는 다른 문제에 직면한다. 막상 그 기술을 어떻게 회사에 적용해야 할지 막막했던 것이다. 재고는 어디에 얼마나 있어야 하는가? 생산 계획은 어떻게 조정해야 하는가? 고객 서비스는 어떻게 디지털화해야 하는가? 사람을 어떻게 배치해야 하나? 이런 문제는 기술의 문제가 아니라, 비즈니스 프로세스의 문제였다. 결국 기술을 적용해 실질적인 가치를 만들어 내는 역할은 산업공학자의 몫이었다. 산업공학자들은 시스템 전체를 조망하고 효율성을 수치화하며 데이터 기반으로 개선안을 도출하는 일을 한다. ERP, SCM, CRM 등 우리가 지금 당연하게 여기는 기업 시스템의 많은 핵심 개념들이 바로 산업공학자들에 의해 정립되고 확산되었다.

그리고 우리는 AI 시대에 살고 있다. 우리는 이제 21세기를 살아가고 있다. 오늘날 가장 뜨거운 키워드는 단연코 인공지능(artificial intelligence, AI)이다. AI 역시 컴퓨터 전문가들이 만들고 있다. 머신러닝(machine learning), 딥러닝(deep learning), 트랜스포머(Transformer), 디퓨전(Diffusion) 등 오늘날 AI의 핵심 기술은 모두 컴퓨터 전문가들에 의해 개발되었다. 그들은 AI를 가능한 한 다양한 상황에 쓸 수 있도록 만든다. 나도 머신러닝과 신경망(neural network)을 전공하며 석사와 박사 학위를 취득했고, 제프리 에버리스트 힌턴(Geoffrey Everest Hinton) 교수가 제안한 일방 통행 신경망 학습을 위한 백프로퍼게이션(Backpropagation) 학습 알고리듬을 일반화한 재귀신경망 학습을 위한 재귀 백프로퍼게이션 알고리듬을 수식으로 유도하고 실험으로 검증했다. 학부에서 산업공학을 전공한 덕분에, AI를 잘 만드는 것과 현장에서 AI를 잘 쓰는 것은 전혀 다른 이야기라는 것을 이해하고 있었다.

AI 모델을 만들었다고 해서 그것이 현장의 문제를 곧바로 해결해 주는 것은 아니다. 의료 현장에서 AI를 어떻게 적용해야 진단 속도를 높이고 오류를 줄일 수 있을까? 제조 현장에서 품질 예측을 어떻게 개선할 수 있을까? 고객 센터에서 어떤 데이터로 상담을 자동화할 수 있을까? 이런 문제들은 AI 기술을 안다고 해결되는 것이 아니다. 해당 분야에 대한 깊은 도메인 지식, 프로세스를 설계할 수 있는 능력, 그리고 데이터 기반의 최적화 역량이 요구된다. 바로 산업공학자의 영역이다.

범용 AI 모델을 만드는 일은 마치 우주에 로켓을 쏘아올리는 것과도 같다. 글로벌 기업과 경쟁하고, 천문학적인 자금과 전력, 데이터가 필요하다. 우리나라에서도 파운데이션 AI 모델을 만들려는 시도가 시작되고 있다. 흥분되는 일이다. 하지만 동시에 얼마나 많은 자원이 필요한지, 얼마나 많은 실패가 있을 수 있는지도 안다. 그와 달리 특정 분야에 AI를 적용해 구체적인 가치를 창출하는 일은 훨씬 현실적이면서도 깊은 전문성을 요한다. 예를 들어 병원 예약 시스템에 AI를 접목해 대기 시간을 줄이거나 물류 센터의 입출고 패턴을 분석해 AI 기반의 수요 예측 시스템을 설계하는 등의 일은 모두 특정 문제에 대해 뾰족하게 집중해야 한다. 이 뾰족한 시스템을 설계하는 사람들, 기술을 현장에 녹여 실질적인 변화와 혁신을 만들어 내는 사람들이 바로 산업공학자다.

이 책은 컴퓨터 과학자들이 만든 AI 기술을 현장에 적용해 비즈니스 가치를 창출하는 방법을 탐구한다. 그리고 그 중심에 산업공학의 시각이 어떻게 작용하는지를 실제 사례를 통해 보여 준다. 제조, 금융, 유통, 의료, 공공 분야 등에서 산업공학과 AI가 어떻게 만나는지, 그리고 그 만남이 어떤 혁신을 만들 수 있는지를 구체적으로 살펴본다.

산업공학은 언제나 새로운 테크놀로지와 현장 사이의 가교 역할을 해 왔다. 지금도 마찬가지다. AI 시대의 진짜 게임 체인저는 AI를 만드는 사람이 아니라 AI를 어디에, 어떻게, 왜 써야 하는지를 아는 사람, AI를 적재적소에 잘 쓰게 만드는 사람, 즉 산업공학자일지도 모른다.

이 책에서는 다루는, 산업공학과 AI의 만남을 통해 변화하고 있는 핵심 분야는 다음과 같다.

산업공학은 본질적으로 다학제적이다. 수학, 통계학, 심리학, 컴퓨터과학 등 다양한 학문을 배우는 이유는 비즈니스 문제가 특정 한 가지 기술만으로는 해결되지 않기 때문이다. 이제 이러한 전통적인 산업공학의 툴 박스에 AI와 데이터 분석이라는 강력한 툴이 추가되었다.

현재 AI 분야에는 막대한 자금이 투자되고 있다. 언어 모델과 생성형 AI에 들어가는 천문학적 개발 비용은 결국 비즈니스 가치 창출을 통해 회수되어야 한다. 이는 향후 2~3년 내에 AI를 적용했을 때 가장 큰 임팩트를 만들어 내고 비용을 절감하며 매출을 증대시킬 수 있는 비즈니스 영역을 발견하는 데 달려 있다. 그리고 이를 가장 잘 수행할 수 있는 사람은 바로 AI와 머신러닝, 데이터 분석을 이해하면서도 비즈니스 프로세스와 산업 현장의 복잡성을 파악하는 산업공학도다. 산업공학도는 기술과 비즈니스의 교차점에서 가치를 창출하는 '설계자' 역할을 수행한다.

이 책의 집필 의도는 세 가지로 요약된다. 첫째, 대학 진학을 앞둔 수험생들이 산업공학이 무엇을 하는 학문인지, 그리고 왜 미래 사회에서 더욱 중요해질 것인지를 알게끔 한다. 둘째, 현재 산업공학을 전공하는 학생들이 AI를 어떤 관점으로 바라보고 학습해야 하는지 방향을 제시한다. 셋째, 기업의 인사 담당자들에게 산업공학 전공자들이 왜 AI 시대에 더욱 가치 있는 인재인지, 그리고 그들에게 어떤 역할을 맡기는 것이 효과적인지 통찰을 제공하고자 한다. 산업공학과 AI의 만남은 미래 산업의 혁신을 이끌 핵심 동력이 될 것이다. 이 책을 통해 여러분을 그 가능성의 세계로 초대한다.

조성준(서울대학교 산업공학과 교수)

차례

1 | 당신의 디지털 아바타, 디지털 트윈

디지털 트윈의 탄생

2011년 5월 1일, 세계를 충격에 빠뜨린 9/11 테러의 주범을 쫓는 10년간의 집요한 추적이 마침내 결실을 맺었다. 미국 특수 부대가 수행한 넵튠의 창 작전(Operation Neptune Spear)은 테러 조직 알카에다의 수장 오사마 빈 라덴을 제거한 역사적인 군사 작전이었다. 이 작전의 성공은 치밀한 준비와 첨단 기술의 결합이 있었기에 가능했다. CIA는 수년간의 정보 수집 끝에 파키스탄 아보타바드의 한 건물에서 수상한 움직임을 포착했고, 마침내 빈 라덴의 은신처를 특정하는 데 성공한다.

CIA는 위성 사진과 첨단 센서를 활용해 은신처의 모든 세부 사항을 디지털로 재현했다. 건물 외벽 두께부터 창문 위치, 내부 계단 배치, 심지어 예상되는 가구 배치까지 놀라울 정도로 정교하게 모델링했다. 정보원들을 통해 입수한 내부 구조 정보도 이 디지털 트윈(digital twin)에 통합되어 실제와 거의 동일한 가상의 건물이 만들어졌다. 이렇게 제작된 디지털 트윈은 작전 계획 수립에 핵심적인 역할을 했다. 특수 부대원들의 침투 경로를 분석하고 헬기의 최적 접근 경로를 결정하며 만약의 사태에 대비한 비상 탈출 경로까지 세밀하게 계획할 수 있었다. 또한 건물의 구조적 취약점을 파악하고 적이 있을 만한 위치를 예측하며 무엇보다 중요한 민간인 피해를 최소화하기 위한 계획도 이 디지털 모델을 통해 수립되었다.

더욱 흥미로운 점은 이 디지털 트윈을 바탕으로 미국 노스캐롤라이나 주에 실제 크기 훈련 시설이 건설되었다는 것이다. 네이비 실 팀6는 이 시설에서 야간 작전 훈련, 팀원 간의 협동 작전, 예상치 못한 상황에 대한 대응 훈련 등을 반복적으로 수행하면서 실제 작전 환경에 대한 완벽한 적응력을 키워 나갔다. 이러한 철저한 준비는 결과적으로 작전의 성공으로 이어졌다. 디지털 트윈을 통한 정확한 계획 수립은 작전 시간을 최소화하고 필요한 자원을 최적화하는 데 큰 도움이 되었다. 특히 실제 환경에 대해 높은 이해도가 있었기에 팀원들이 자신감 있게 작전을 수행할 수 있었고 불확실성도 최소화할 수 있었다. 그리고 마침내 한밤중 파키스탄

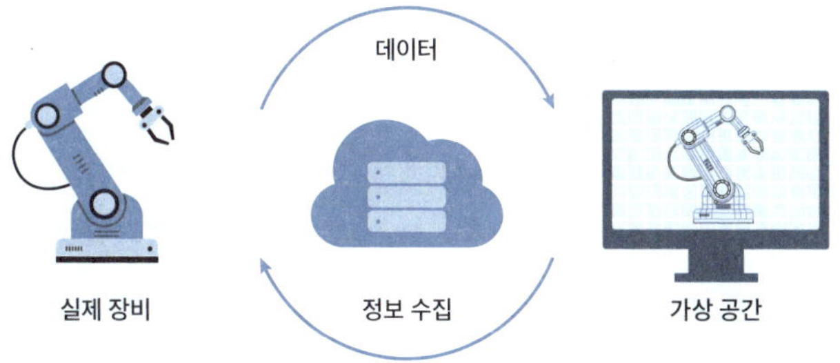

그림 1-1. 디지털 트윈.[1-1]

의 고요한 밤하늘을 가르며 특수 부대 헬기가 은신처를 향해 날아
갔고 이 작전은 세계 대테러 작전의 새로운 이정표로 기록되었다.

디지털 트윈은 현실 세계의 물체나 시스템을 가상 세계에 완
벽하게 복제한 것이다. 마치 거울처럼 현실의 모든 특징과 기능을
그대로 반영해 디지털 공간에 구현한다. 이는 실제 사물과 동일한
3차원 모델과 데이터를 기반으로 하며, 끊임없이 현실 세계의 정
보를 수집해 업데이트된다. 즉 디지털 트윈은 실제 사물의 디지털
복제품이자 실시간으로 변화하는 동적 시스템이다.

가장 중요한 점은 디지털 트윈은 단순히 3D 모델을 넘어 실
제 시스템의 복잡한 동작과 상호 작용을 시뮬레이션할 수 있다는
것이다. 이를 통해 우리는 가상 환경에서 다양한 시나리오를 실험
하고 예측해 현실 세계의 문제를 해결하거나 새로운 가치를 창출
할 수 있다.

디지털 트윈은 2000년대 초반 시작되었다. 이 혁신적인 개념은 2002년 미국의 마이클 그리브스(Michael Grieves)가 제품 생애 주기 관리(product lifetime management)의 이상적 모델로 처음 소개했으며, 이후 NASA의 존 비커스(Jon Vickers)에 의해 디지털 트윈이라는 공식적인 명칭을 얻게 되었다. 2010년대에 들어서면서 디지털 트윈은 실용적인 단계로 발전하기 시작했다. NASA는 2010년 우주 탐사 기술 개발 로드맵에 디지털 트윈을 포함시켰고, 이를 계기로 제조업과 에너지 산업에서도 공정과 설비의 모니터링 및 최적화를 위해 이 기술을 도입하기 시작했다. 2010년대 후반에 이르러서는 인터넷 기술의 비약적인 발전과 함께 디지털 트윈이 사물 인터넷(internet of things, IoT) 기술 및 AI와 결합하면서 그 활용 범위가 크게 확대되었다. 이러한 기술적 융합은 디지털 트윈의 잠재력을 한층 더 끌어올리는 계기가 되었다.

생활 속 디지털 트윈

현재 디지털 트윈은 다양한 분야로 확장되고 있다. 초기의 제조업 중심 활용을 넘어 우주, 건설, 운송, 에너지, 헬스 케어, 도시 설계 및 운영 등 우리 삶의 거의 모든 영역에서 혁신을 이끌어 내고 있다. 이처럼 디지털 트윈은 단순한 기술을 넘어 산업 전반의 디지털 혁신을 주도하는 핵심 동력으로 자리잡고 있다. 이 가운데 산

업 공정, 우주 정거장, 헬스 케어, 도시 계획 및 운영 분야에 대해
조금 더 자세히 살펴보자.

산업 공정

디지털 트윈이 가장 먼저 등장했고 가장 많이 활용되는 분야는 산
업 분야다. 산업용 디지털 트윈은 이미 제조 공정을 최적화하고
생산성을 향상하는 데 핵심적인 역할을 한다. 디지털 트윈을 통해
생산 라인 시뮬레이션, 문제 해결, 예측 유지 보수, 생산량 최적화
등 다양한 작업을 수행할 수 있다. 이는 제조 비용을 절감하고 제
품 품질을 향상하는 데 기여한다.

　일반적으로 모든 제조 공정에서는 수많은 고가의 설비가 있
다. 이 설비는 제조를 수행하는 주요 시설로, 해당 설비에 고장이
발생하면 제조 자체가 정지되므로 굉장히 중요하게 관리한다. 먼
저 설비를 모니터링할 때에는 정기적인 육안 점검이 기본이고, 몇
개 제한된 센서 데이터로 부분적 상태만 파악한다. 그리고 문제
발생 후 사후 대응이 일반적인데 이 과정에서 작업자의 경험과 직
관에 많이 의존한다. 설비 정비는 정해진 주기에 따른 예방 정비
를 한다. 주기적 예방이므로 불필요한 부품 교체로 인한 비용이
낭비되면서 동시에 예상치 못한 고장으로 인한 생산 중단도 발생
하기에 정비 이력 관리가 수동적이고 비체계적이다.

　디지털 트윈을 도입하면 실시간 모니터링이 가능해진다. 즉

다양한 센서를 통한 종합적 상태를 파악하고 진동, 온도, 소음, 전력 소비 등 실시간 데이터를 수집해 AI 기반 이상 징후를 자동 감지하고 설비 성능 변화 추세를 분석할 수 있다. 이를 통해 고장 가능성 예측과 최적 운전 조건 도출과 실시간 성능 최적화를 구현해 문제 발생 전 선제적 대응이 가능하다. 또한 정비 측면에서도 예측이 가능하다. 설비 상태 기반의 맞춤형 정비는 실제 마모도에 따른 부품 교체, 최적 정비 시점 예측과 정비 우선순위 자동 설정이 가능하다. 또한 정비 계획의 최적화, 부품 재고관리 효율화 및 정비 인력 배치 최적화를 통해 전체적인 정비 효율을 극대화한다.

디지털 트윈을 통한 이득은 설비 가동률 향상, 정비 비용 절감, 예상치 못한 고장 감소, 부품 수명 연장, 에너지 효율 개선으로 나타난다. 게다가 설비 운영 노하우의 디지털화, 신입 작업자의 빠른 적응 지원, 원격 관리를 위한 리모트 모니터링 및 정확한 설비 수명 예측으로 투자 계획 수립이 용이해진다.

제조 공정에서의 디지털 트윈 활용 사례는 생산 설비 관리 이외에도 생산 공정 최적화, 에너지 효율화, 작업자 안전 관리 및 물류/재고관리 등 다양하다. 이러한 디지털 트윈의 활용은 생산성 향상, 비용 절감, 품질 개선, 안전성 강화 등 다양한 효과를 가져오고 있다.

NASA의 국제 우주 정거장(ISS) 디지털 트윈은 우주 탐사의 핵심 도구로서 다양한 측면에서 중요한 역할을 수행한다. 우선 우주인들의 생체 신호를 실시간으로 수집하고 분석해 무중력 환경이 신체에 미치는 영향을 지속해서 추적하며, 잠재적 건강 문제를 조기에 발견해 예방적 조치를 취할 수 있다. 또한 생명 유지 장치, 전력 시스템, 냉각 시스템 등 ISS의 모든 주요 시스템을 실시간으로 모니터링하고 예측적 유지 보수를 통해 장비 고장을 예방하며, 문제 발생 시 지상에서 신속한 진단과 해결책을 제시할 수 있다.

우주에서 진행되는 다양한 과학 실험의 조건과 결과도 실시간으로 추적해 정확한 데이터 수집과 분석을 보장하고, 이를 지상의 연구팀과 실시간으로 공유할 수 있다. 더불어 우주 공간에서 발생할 수 있는 다양한 상황을 시뮬레이션해 잠재적 위험 상황에 대한 대응 전략을 수립하고 새로운 장비나 실험 도입 전 안전성을 검증할 수 있으며, 우주인들의 일정과 작업 계획을 효율적으로 관리하고 자원 사용을 최적화해 보급품 관리를 효율화하는 등 미션 계획 전반을 최적화할 수 있다. 지구에서 수백 킬로미터 떨어진 우주 정거장을 안전하고 효율적으로 운영하는 데 핵심적인 역할을 수행하고 있는 NASA의 성공적인 디지털 트윈 시스템 활용 사례는 디지털 트윈 기술의 잠재력과 미래 가능알로소성을 잘 보여주는 예시라고 할 수 있다.

헬스 케어

헬스 케어 분야에서 디지털 트윈은 환자의 질병 진단, 치료 계획, 수술 시뮬레이션, 약물 효능 예측 등 다양한 목적으로 활용된다. 디지털 트윈은 환자의 개별적인 특성을 고려해 최적의 치료 방안을 제시하고 치료 효과를 높이는 데 도움이 된다. 디지털 트윈은 치아 교정 분야에서도 혁신을 가져왔다. 환자의 치아 사진 데이터로부터 치아 구조를 정확하게 3D 모델링 후 교정 과정을 시뮬레이션하고 예상 결과를 미리 확인할 수 있다. 이를 통해 환자는 교정 과정에 대한 이해를 높이고, 최적의 교정 계획을 수립하는 데 도움을 받을 수 있다. 수술 과정에서 디지털 트윈은 환자와 의료진 모두에게 큰 도움을 줄 수 있다. 3D 모델을 통해 수술 방법과 프로세스를 시각적으로 보여 주고 발생 가능한 리스크를 사전에 파악해 환자의 이해도를 높일 수 있다. 또한 수술 전후 환자 데이터를 실시간으로 연동해 다음 수술 또는 치료에 필요한 정보를 제공한다.

디지털 트윈은 외과 전공의의 수술 학습에도 활용될 수 있다. 신체 3D 트윈을 통해 가상 환경에서 수술을 연습하면 실제 수술에 대한 두려움을 줄이고 수술 능력을 향상시킬 수 있다. 또한 다양한 수술 시나리오를 연출해 실제 환경에서는 경험하기 어려운 상황에 대비할 수 있다. 맞춤형 치료도 가능해질 것이다. 개인의 생체 데이터, 유전 정보, 생활 습관 등을 반영한 디지털 트윈을 통해 약물 반응을 예측하고 최적의 치료법을 선택할 수 있게 된다. 더 나아가 미래에 닥칠 의료적 리스크를 미리 예측해 생활 습관 교정이나 선제적 수술 등의 조치를 추천해 줄 수 있다. 개인의 신체 상태, 운동량, 영양 섭취 등을 종합적으로 분석해 최적의 건강 관리 방안을 제시할 수 있게 된다. 스트레스 관리, 수면 최적화 등 정신 건강 관리에도 활용될 것이다.

도시 계획 및 운영

도시 설계 시뮬레이션을 통해 건물 배치, 도로 네트워크, 공공 시설의 최적 위치를 결정할 수 있다. 예를 들어 새로운 아파트 단지를 건설할 때 일조권, 조망권, 바람길 등을 미리 분석해 최적의 설계안을 도출할 수 있다. 교통 흐름을 시뮬레이션해 도로 설계나 대중 교통 노선 계획을 최적화할 수 있다. 실제 교통 데이터를 기반으로 교통 체증이 발생할 수 있는 구간을 예측하고, 이를 해결하기 위한 방안을 수립할 수 있다.

실시간 도시 모니터링도 가능하다. 교통 상황, 전력 사용량, 대기질 등 다양한 도시 데이터를 실시간으로 수집하고 분석해 문제가 발생하기 전에 예방적 조치를 취할 수 있다. 재난 대응에도 활용된다. 화재, 홍수, 지진 등 재난 상황을 시뮬레이션해 대피 경로를 계획하고, 긴급 구조 계획을 수립할 수 있다. 건물별 에너지 사용량을 모니터링하고, 전력 그리드의 효율적인 운영을 위한 의사 결정을 지원함으로써 에너지 효율화에도 활용된다.

AI의 역할

AI는 탁월한 데이터 분석 능력을 보여 준다. 수많은 센서에서 수집되는 방대한 데이터를 실시간으로 처리해 의미 있는 인사이트를 도출하는데, 특히 머신러닝 알고리듬을 활용해 숨겨진 패턴이나 이상 징후를 신속하게 감지할 수 있다.

예측 능력도 AI의 주요 강점이다. 축적된 데이터를 기반으로 설비의 고장 가능성이나 제품 수요 변화 등을 미리 예측할 수 있어, 기업이 선제적으로 대응할 수 있게 해 준다. 이는 마치 일기예보가 기상 상황을 예측하는 것처럼, 비즈니스 환경의 변화를 미리 파악하는 것이다.

시스템 최적화 면에서도 AI는 뛰어난 성과를 보여 준다. 복잡한 생산 일정을 최적화하거나 에너지 사용을 효율화하는 등 다양한 운영 요소들을 종합적으로 고려해 가장 효율적인 해결책을 제시한다.

특히 주목할 만한 점은 AI의 자연어 처리 기능이다. 두 가지 측면이 있다. 첫째, 물리적 시스템에 관한 문서, 예를 들어 설계 사양이나 매뉴얼 등의 문서를 읽고 모델을 구축하는 데 활용된다. 둘째, 사용자 인터페이스이다. 사용자들은 복잡한 프로그래밍 언어 대신 일상적인 언어로 시스템과 소통할 수 있어, 디지털 트윈 기술을 더욱 직관적으로 활용할 수 있다.

마지막으로, 컴퓨터 비전 기술을 통한 시각적 모니터링도 가능하다. 제품의 품질 검사나 설비의 외관 점검 등을 자동화할 수 있어, 인력 절감과 동시에 정확도 향상을 기대할 수 있다.

이처럼 AI는 디지털 트윈의 각 요소를 더욱 스마트하고 효율적으로 만들어 기업의 디지털 혁신을 가속화하는 핵심 동력이 되고 있다.

디지털 트윈의 미래

휴먼 디지털 트윈은 현실 세계의 '나'를 가상 세계에 완벽하게 복제한 디지털 버전이다. 마치 영화에서 보는 것처럼 나와 똑같은 외모, 성격, 행동, 생각을 가진 디지털 분신이 존재하는 것이다. 하지만 단순한 복제를 넘어, 디지털 트윈은 시간과 공간의 제약 없이 나를 대신해 활동하고 내 경험을 축적하며 내 능력을 확장하는 역할을 수행한다. 이러한 휴먼 디지털 트윈은 개인의 삶에 큰 변화를 가져올 수 있다. 예를 들어 디지털 트윈은 나의 대리인으로써 중요한 미팅에 참석하고 내 생각을 전달하며 내 의사 결정을 지원할 수 있다. 또한 내 취미나 관심사를 반영해 나와 똑같은 취미 활동을 즐기거나 나를 대신해 새로운 경험을 쌓을 수 있다. 마치 가상 세계에 나의 또 다른 자아가 존재하는 것처럼 말이다.

몸에 대한 디지털 트윈은 자기 신체의 모든 측면을 디지털로 복제한 것으로, 3D 스캐닝, 웨어러블 기술, 생체 데이터 분석을 통해 가능하다. 몸 디지털 트윈은 신체의 건강 상태, 체력 수준, 운동 능력 등을 파악하고 예측하는 데 사용될 수 있다. 마음에 대한 디지털 트윈은 생각, 감정, 행동 패턴을 디지털로 모델링한 것으로, AI, 빅데이터, 심리학, 신경과학 등 다양한 분야의 기술을 활용해 가능하다. 마음 디지털 트윈은 심리 상태, 감정 변화, 의사 결정 과정 등을 이해하고 예측하는 데 사용될 수 있다.

휴먼 디지털 트윈 구축과 업데이트

인간의 '마음'을 디지털화하는 것은 현실 세계의 복잡한 인간 마음을 그대로 복제하는 것보다 더 흥미롭고 도전적인 과제다. 인간의 마음은 생각, 감정, 기억, 의식, 인식 등 다양한 요소로 구성되어 있다. 이러한 요소들을 모두 포착하고 디지털 세계에 구현하는 것은 매우 어려운 일이다. 디지털 트윈은 인간의 생각, 행동, 감정을 예측하고 분석하는 데 유용하게 활용될 수 있다. 또한 디지털 트윈은 바쁜 인간을 대신해서 특정 과업을 수행할 수 있다.

인간의 마음 디지털 트윈을 구축하는 데 가장 중요한 것은 인간의 마음을 구성하는 다양한 요소들을 정확하게 모델링하는 것이다. 예를 들어 인간의 마음은 신경망과 같이 복잡하게 연결된

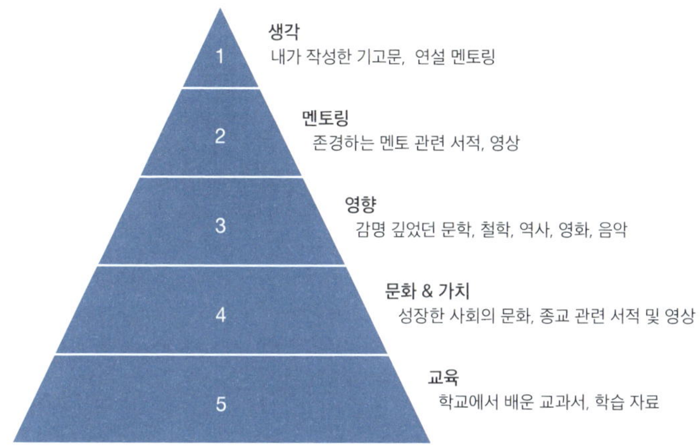

그림 1-2. 휴먼 마인드 디지털 트윈 구축에 필요한 데이터 및 정보.

시스템으로 구성되어 있으며, 다양한 신경 전달 물질이 작용한다. 이러한 요소들을 정확하게 모델링해 디지털 세계에 구현해야 한다. 또한 인간의 마음은 끊임없이 변화하고 발전한다. 따라서 인간의 마음 디지털 트윈도 실시간으로 업데이트되어야 한다. AI 기술을 활용해 인간의 생각, 감정, 행동 패턴을 분석하고, 이를 바탕으로 디지털 트윈을 지속해서 업데이트해야 한다.

나만의 디지털 트윈을 만들기 위한 첫 번째 단계는 바로 '마음의 지도'를 만드는 것이다. 생각과 가치관을 디지털 버전으로 변환하는 과정이라고 할 수 있다. 마치 나를 담은 거대한 데이터베이스를 만드는 것과 같다. 이러한 데이터에는 자신이 받은 교육(교과서, 참고서, 선생님 말씀), 성장한 배경 문화(역사, 종교, 가치관), 특히 영향 받은 문학, 철학, 역사, 영화, 음악, 존경하는 멘토, 서적, 영상 등이 해당된다. 이러한 데이터를 반영해 디지털 트윈의 기반이 형성된다. 특히 직업적인 분야에 활용한다면 본인의 최근 생각이 담긴 기고문, 연설문, 멘토링한 데이터도 추가되어 디지털 트윈을 구축하는 것이 효과적이다.

우리는 매일 새로운 경험, 새로운 생각, 새로운 지식을 습득한다. 어제의 나와 오늘의 내가 다르고 내일의 나도 조금씩 달라진다. 이에 따라 디지털 트윈도 실시간으로 나의 가장 최신 상태를 반영하는 상태가 유지되어야 한다. 이를 위해서는 일상에서 접하는 모든 디지털 정보를 효과적으로 수집하고 분석한다. 이 과정에서 스마트폰은 핵심적인 역할을 한다. 뉴스를 읽고, 음악을 듣고, SNS와 영상을 듣는 수단이 스마트폰이고 통화, 문자 메시지, 검색 등 관심사와 행동 역시 대부분 스마트폰을 통해 일어난다. 스마트폰은 카메라, 마이크, 센서 등을 통해 우리 주변 환경과 사람들과의 교류를 통해 얻는 다양한 정보도 수집한다. 이러한 데이터는 모두 디지털 트윈의 정확성과 업데이트에 중요한 역할을 한다.

휴먼 디지털 트윈 활용

휴먼 디지털 트윈은 집필, 연설, 멘토링 같은 자기 의사 표현과 업무, 교육에서 활용 가능하다. 단순히 복제된 존재가 아니라 나의 생각, 경험, 지식을 담은 가상의 분신인 디지털 트윈을 통해 다양한 활동을 더욱 효과적으로 수행할 수 있다. 예를 들어 누군가 특정 주제에 관한 기고를 요청하면, 나의 디지털 트윈은 내 사고방식과 지식을 바탕으로 글을 작성할 수 있다. 연설이나 강연 요청이 들어왔을 때도 디지털 트윈은 나의 목소리와 스타일을 반영해 연설을 할 수 있다. 게다가 누군가 멘토링을 요청하면 디지털 트윈은 멘티의 이야기를 듣고 내 경험과 지식을 바탕으로 적절한 조언과 지침을 제공할 수 있다. 이는 마치 나 자신이 직접 그 사람을 멘토링하는 것과 같은 효과를 가져올 수 있다. 디지털 트윈은 나의 시간적, 공간적 제약을 극복하고 더 많은 사람에게 도움을 줄 수 있는 강력한 도구다. "몸이 열 개라도 모자라."처럼 시간이 부족하거나 심지어 세상을 떠난 후에도 내 디지털 트윈은 계속 활동할 수 있으니 인류의 지식과 경험을 오래 보존하고 발전시키는 데 크게 기여할 수 있다.

디지털 트윈은 기업에서도 혁신적인 변화를 가져올 수 있다. 특히 업무 지식 전달과 개인 맞춤형 멘토링에 큰 도움을 줄 수 있다. 예를 들어 팀장은 업무 경험과 노하우가 많다. 하지만 팀원들은 부족한 경우가 많다. 팀장이 옆에서 일일이 가르칠 것이 많지만 현실에서는 팀장이 너무 바쁘다. 만일 팀장이 가진 지식과 경험을 디지털 트윈에 담아 공유할 수 있다면 어떨까? 팀원들이 숙련된 멘토가 옆에 있는 것이니 언제든지 질문하고 답변을 얻을 수 있다. 이러한 지식 공유 시스템은 팀원들의 업무 역량 향상과 빠른 적응을 돕는다. 디지털 트윈은 채팅 형태의 챗봇으로 구현될 수 있다. 직원들은 디지털 트윈 챗봇을 통해 필요한 정보를 즉시 얻고, 업무 관련 질문에 답변을 얻을 수 있다.

개인별 멘토링은 더욱 효과적이다. 같은 부서에서 같은 업무를 하는 직원들도 각자의 배경, 관심사, 이해 수준, 동기 부여에 따라 업무 처리 수준이 다를 수 있고 고민도 다양하다. 팀장의 디지털 트윈을 활용하면 각자의 입맛에 맞는 질문과 멘토링이 가능해진다. 팀원들은 자신의 필요에 맞는 교육과 지원을 받으며 빠르게 성장할 수 있다. 디지털 트윈은 시간과 공간의 제약 없이 언제 어디서든 활용 가능하다. 업무 중 궁금한 점이 생기면 언제든지 디지털 트윈 멘토에게 질문하고 답변을 얻을 수 있다. 이러한 접근성은 업무 효율성을 높이고 끊임없는 학습을 가능하게 한다. 또한 커리어 전환을 꿈꾸는 직원들도 자신이 그리는 식의 전환을 해 본 멘토의 디지털 트윈으로부터 궁금한 점을 모두 확인할 수 있다.

다음은 교육 분야다. 해당 분야의 지식을 깊이 공부한 전문가이며 실제 학생들을 가르쳐 본 경험이 많은 교사의 디지털 트윈을 구축해 챗봇과 같은 형식으로 활용할 수 있다. 디지털 트윈의 첫째 장점은 학생들 개개인의 학습 수준 및 동기 부여 수준에 맞는 개인화된 교육을 할 수 있다는 것이다. 현재 교사들은 수준이 제각각인 학생들을 대상으로 특정 주제가 왜 중요한지 학생들에게 동기 부여도 해야 하고, 그 개념이 무엇인지 설명도 해야 하며, 나중에 제대로 이해했는지 평가도 해야 한다. 서울대 학생들도 같은 학과 같은 학년인데도 일부는 수업 진도가 너무 빨라 따라가기 어렵다고 하고, 일부는 너무 느려서 지루하다고 한다. 디지털 트윈은 각 학생의 입맛에 맞는 수준으로 다르게 교육할 수 있다. 두 번째 장점은 시간과 공간의 제약이 없다는 것이다. 학생이 원하는 순간 원하는 장소에서 학습함으로써 교육의 접근성이 크게 향상될 것이다.

사람의 디지털 트윈을 만들고 그 디지털 트윈을 활용하면 디지털 트윈에게 일을 시키고 나는 그 시간에 대신 영화를 보면 놀 수 있다. 반대로 내가 영화를 보며 놀면서 나의 디지털 트윈에게 공부를 시킨 후에, 그 디지털 버전이 습득한 지식과 기술을 내게 이식시키는 것은 어떨까? 이것도 언젠가는 누군가 시도하지 않을까? 휴먼 디지털 트윈은 다양한 분야에 활용될 수 있다. 여러분은 본인의 디지털 복사본을 만들 수 있다면 어떻게 활용하고 싶은가? 혹은 절대로 만들고 싶지 않은가?

휴먼 디지털 트윈의 한계와 주의 사항

휴먼 디지털 트윈의 활용도가 크지만 이와 관련된 중요한 한계점과 고려 사항도 많다. 첫째, 인간의 복잡성을 완벽히 모델링하는 것은 현재 기술로는 매우 어렵다. 신체의 생리학적 반응, 감정 상태, 인지 과정 등을 실시간으로 정확하게 디지털화하는 데는 상당한 기술적 한계가 존재한다. 특히 인간의 감정이나 의식 상태와 같은 주관적 경험을 정량화하고 모델링하는 것은 현재로서는 거의 불가능한 수준이다. 둘째, 개인의 생체 정보, 건강 기록, 행동 패턴 등 매우 민감한 개인 정보가 수집되고 저장되므로 데이터 유출이나 해킹의 위험이 있다. 이러한 정보가 악용되면 개인의 프라이버시가 심각하게 침해될 수 있으며 보험사나 고용주에 의한 차별의 도구로 사용될 수도 있다.

셋째, 디지털 트윈의 생성과 활용 과정에서 발생할 수 있는 윤리적 문제들에 대한 명확한 가이드라인이 필요하다. 개인의 동의 범위, 데이터 사용 목적의 제한, 디지털 트윈의 소유권 문제 등에 대한 사회적 합의가 필요하다. 또한 디지털 트윈을 통한 과도한 감시나 통제의 가능성에 대한 우려도 있다. 넷째, 수집되는 데이터의 품질과 정확성을 보장하는 것이 중요하다. 부정확한 데이터는 잘못된 분석과 결론을 도출할 수 있으며, 의료 진단이나 건강 관리 측면에서 심각한 문제를 초래할 수 있다. 또한 데이터의 지속적인 업데이트와 유지 보수가 필요한데, 상당한 비용과 시간이 소요되는 과제다.

조성준(서울대학교 산업공학과 교수)

2 | 산업 현장의 아이언맨

엑소스켈리턴이란 무엇인가?

영화 「아이언맨」에서 주인공 토니 스타크가 입은 화려한 파워드 슈트는 강력한 추진력과 무기 체계를 갖춘 공상 과학 속 상상처럼 보이지만, 이미 현실의 기술도 그 근처까지 도달했다는 사실을 알고 있는 사람은 많지 않다. 실제로 인간 외부에 착용하는 로봇 형태의 보조 장치인 엑소스켈리턴(exo-skeleton)이 점차 산업 현장과 재활 치료, 국방 분야 등 다방면에 적용되고 있기 때문이다.

엑소스켈리턴이라는 용어는 곤충이나 갑각류의 외골격(exoskeleton)에서 유래했다. 생물학적으로 외골격을 가진 동물은 몸 바깥을 단단한 껍데기가 둘러싸면서 내부 기관을 보호하고 움직임을 지지해 준다. 이와 유사하게 인간의 외부에 인공 골격을 덧씌워서 근력을 보조하거나 움직임을 증강하는 것이 엑소스켈리턴의 핵심 아이디어다.

일반적으로 엑소스켈리턴은 몸에 착용하는 로봇 프레임 형태인데, 허리, 다리, 팔, 어깨 등에 걸쳐 골격 구조를 인체 공학적으로 배치하고 센서, 소형 전기 모터, 유압·공압 장치를 사용해 관절 움직임을 보조한다. 이러한 기술의 가장 큰 장점은 신체 근육이 짊어져야 할 무게나 힘의 부담을 일부 기계가 대신해 사람의 체력 소모를 줄이거나 더 무거운 물체를 들 수 있게 만든다는 데 있다.

엑소스켈리턴은 크게 두 가지 형태로 나뉜다. 하나는 외부 동력원을 사용하지 않고 스프링, 케이블, 댐퍼 등의 기계적 요소만으로 보조 기능을 구현하는 수동형(passive) 방식이고, 다른 하나는 전기·유압·공압 장치를 통해 인체에 직접 동력을 공급하는 능동형(active) 방식이다. 전력 공급 유무와 구동 장치 종류에 따라 기능과 성능이 달라지는데, 예컨대 능동형 엑소스켈리턴은 전기 모터를 통해 실제로 '들어 올리는 힘'을 크게 보강해 산업 현장의 중량물 작업에 큰 도움을 줄 수 있다.

착용 부위를 기준으로 상지(팔)용, 하지(다리)용, 전신(full-body)용 등으로 세분화된다. 팔용 엑소스켈리턴은 주로 어깨, 팔꿈치, 손목 관절을 보조해 물건을 들거나 옮기는 작업을 용이하게 하고, 다리용 엑소스켈리턴은 무릎, 골반 주변 관절을 지지함으로써 걷

그림 2-1. 수동형 엑소스켈리턴(위)과 능동형 엑소스켈리턴(아래).[2-1]

거나 서 있는 동작이 많은 작업자의 피로를 줄인다. 전신형 엑소스켈리턴은 상체와 하체를 모두 지원하지만 상대적으로 복잡하고 가격이 높아 특정 분야(군사, 특수 재활) 위주로 우선 도입되는 경향이 있다.

또한 현대의 엑소스켈리턴 기술은 단순히 무게를 덜어 준다는 차원을 넘어서 사람의 움직임 패턴을 정교하게 측정, 분석하고 자연스럽게 보조하는 쪽으로 발전하고 있다. 예컨대 근전도(electromyography, EMG) 센서를 통해 착용자가 근육을 쓰려는 시점을 미리 파악해 적절히 관절 움직임을 지원함으로써 더 부드럽고 효율적인 동작이 가능해진다. 이는 작업 현장에서의 피로 경감뿐만 아니라 재활 치료나 장애 보조 분야에서도 잠재력이 크다.

결국 엑소스켈리턴은 미래 산업과 의료, 국방, 레저 등 다양한 분야에서 활약할 착용형 로봇(wearable robot)으로서, 인간의 신체 능력을 극적으로 향상하는 역할을 맡게 될 것으로 전망된다. 아직은 일부 고가 장비이거나 제한적으로 적용되는 사례가 많지만, 소재 공학의 발달로 경량화와 내구성이 지속해서 개선되고 있고 센서와 제어 기술이 급격히 발전하면서 앞으로 더욱 폭넓은 현장에서 엑소스켈리턴을 만나게 될 가능성이 크다.

엑소스켈리턴의 역사

엑소스켈리턴을 미래 기술로만 여기기 쉽지만, 사실 인간의 신체 능력을 높이려는 시도는 꽤 오래전부터 꾸준히 이어져 왔다. 노동이나 군사 목적을 위해 더 무거운 물체를 쉽게 들 수 있고, 더 효율적으로 먼 거리를 이동하고자 하는 인간의 욕망은 고대부터 존재했으며, 기계공학과 로봇 공학이 결합된 형태의 착용 장비 연구는 20세기 중반부터 시작되었다고 볼 수 있다.

1960년대 미국의 군사 프로젝트 하디맨(Hardiman)은 초기 엑소스켈리턴의 대표적인 사례다. 군사 연구 기관과 기업 제너럴 일렉트릭(General Electric, GE)이 협력해 사람이 직접 움직이는 대로 기계 장치가 따라가면서 힘을 증폭시키는 웨어러블 로봇을 목표로 삼았다. 하지만 당시에는 전기 모터와 유압 장치가 무겁고 거대했으며 제어 알고리듬이 정교하지 않아 몸에 부착하기 어려운데다 전력 공급이 충분치 않아 결과적으로 실용화에 실패했다. 그래도 이러한 연구는 인간이 기계의 도움을 받아 1:1 비율로 힘을 증강할 수 있다는 개념을 제시해, 이후 엑소스켈리턴 연구의 단초가 되었다.

1970~1980년대에는 미국뿐 아니라 일본, 유럽 등에서도 초기형 엑소스켈리턴 프로토타입이 간헐적으로 공개되었다. 대표적으로 일본의 대학 연구팀들이 사람의 다리에 로봇 보조기를 장착해 보행을 보조하려 했지만 여전히 무게 부담과 에너지 효율, 제어 기술이 부족했다. 전기 모터와 유압 펌프를 탑재해야 하는 구조상 착용자의 이동이 자유롭지 않고, 원치 않는 떨림이나 오작동이 발생하기도 했다. 또한 배터리 용량이 작아 충분한 구동 시간을 제공하지 못해 연구실 단계에서 멈추는 경우가 많았다.

그러나 1990년대를 거치며 소재공학이 한 단계 도약했다. 탄소섬유와 고분자 복합 재료가 실용화되면서 기존보다 훨씬 가볍고 강도가 높은 프레임을 만들 수 있는 길이 열렸다. 또한 센서와 제어 알고리듬 역시 비약적으로 발전해 마이크로프로세서가 보행 시 나타나는 관절 각도 변화를 빠르게 분석, 제어하거나 근전도 신호로부터 착용자의 움직임 의도를 실시간으로 파악하는 수준에 다다랐다. 이에 따라 엑소스켈리턴이 단순한 힘 증강 기계에서 사용자의 움직임 패턴에 자연스럽게 동조하는 보조 장치로 진화하게 된다.

2000년대 중반 이후부터는 미국 방산 기업과 실리콘 밸리 스타트업, 일본의 로봇 기업, 유럽의 복지 재활 분야 기업 등이 각각 군사용, 산업용, 의료용 엑소스켈리턴 개발에 뛰어들었다. 미국의 사르코스 로보틱스(Sarcos Robotics)는 군사 산업 분야를 대상으로 전신형 엑소스켈리턴 가디언 XO(Guardian XO)를 선보였고, 록히드 마틴(Lockheed Martin) 역시 군용 보행 보조 슈트인 ONYX를 발표하며 병사의 기동성을 크게 높이는 미래상을 제시했다. 일본의 사이버다인(Cyberdyne)은 의료용 로봇 슈트 HAL(Hybrid Assistive Limb)을 상용화해 하체가 마비된 환자에게 보행 가능성을 연 사례로 주목받았다.

한국에서도 대기업과 연구소, 스타트업이 힘을 합쳐 다양한 형태의 엑소스켈리턴을 개발하고 있다. 현대자동차는 생산 라인 근로자를 위한 어깨 보조형 슈트(H-VEX, H-VEX2)를 선보였고, 삼성전자 역시 실험적으로 공장 근로자에게 착용형 로봇을 도입해 작업 피로와 근골격계 질환을 줄이는 시도를 했다. 현재 연구 개발 단계는 물론, 일부 시범 적용을 통해 현장에서 효과를 모니터링하며 향후 대규모 도입 여부를 검토하고 있다.

기술적 제약이 점차 낮아지고 비용이 서서히 하락함에 따라 엑소스켈리턴은 과거의 미완성 미래 기술에서 벗어나 점차 현실

속 다양한 현장으로 파고들고 있다. 역사적으로는 군사적 필요성이 연구를 먼저 촉발했지만 오늘날에는 제조, 물류, 건설, 재활 등 훨씬 넓은 영역에서 적용이 이뤄지고 있으며, 그 범위는 지속해서 확대될 전망이다.

산업용 엑소스켈리턴

엑소스켈리턴의 대표적 적용 분야 중 하나는 단연 산업 현장이다. 제조업, 물류업, 건설업 등에서 반복적이고 무거운 작업을 수행하는 근로자는 근골격계 질환 위험이 클 수밖에 없다. 허리디스크, 어깨 및 무릎 관절 질환 등은 노동자의 직업 수명을 단축시키고 기업 입장에서도 생산성 저하와 의료비 부담을 야기한다. 따라서 사업주와 근로자 모두 근골격계 부담을 줄일 방법에 관심이 높은데, 엑소스켈리턴이 대안으로 급부상하고 있다.

제조업에서의 활용

자동차 공장을 예로 들면 조립 라인에서 수백 번씩 반복적으로 드릴을 조작하거나 무거운 부품을 들어 올려 결합하는 동작이 잦다. 반복 작업은 팔과 어깨에 큰 무리를 주는데, 상지 보조형 엑소스켈리턴을 착용하면 작업자가 들고 있어야 하는 실제 무게가 크게 경감된다. GM이나 포드, 현대자동차 등 일부 글로벌 완성차 업체는 이미 시범 도입을 통해 어깨 통증 감소와 작업 효율 상승을 경험했다고 보고했다. 일부 작업장에서는 엑소스켈리턴 착용으로 인해 조립 속도가 약간 빨라지고, 작업 오류가 줄어드는 효과를 확인했다는 연구 결과도 나온다.

물류업에서의 활용

물류업에서도 대형 화물 창고나 물류 센터에서 무거운 상자를 들어 나르는 일이 빈번하다. 과거에는 주로 지게차나 컨베이어벨트 등 기계 장비가 접근할 수 없는 구석진 곳에서 노동자가 직접 작업해야 했는데, 이 과정에서 허리 부상의 위험이 항상 있다. 하지(다리)나 허리 보조형 엑소스켈리턴을 착용하면 무거운 박스를 들어 올리는 동작에서 허리와 무릎 관절에 가해지는 하중을 크게 줄일 수 있어 작업자의 피로도와 부상 위험을 모두 완화한다.

건설 현장에서의 활용

건설업은 험지 작업이 많은 만큼, 중장비가 쉽게 접근하기 어려운 구역이나 고공 작업 환경 등이 빈번하다. 이때 인력이 직접 자재를 옮기거나 장시간 서서 드릴이나 용접기를 조작할 수밖에 없는데, 인체 부담이 극도로 커진다. 전신형 혹은 하체 지원형 엑소스켈리턴을 착용하면 허리나 하체에 집중적으로 가해지는 부담을 줄일 수 있어 근로자의 안전과 효율이 크게 개선될 수 있다. 고령 근로자가 많은 건설업계에서는 특히 엑소스켈리턴을 통해 숙련 인력이 좀 더 오랜 기간 작업을 이어갈 수 있다는 기대도 크다.

효과와 전망

해외에서는 미국의 제조 물류 기업들, 유럽 일부 물류 센터, 일본 대형 제조 업체들이 엑소스켈리턴 시범 도입으로 인한 작업 효율과 부상 예방 효과를 활발히 발표하고 있다. 국내에서도 현대차 등 대기업들이 근골격계 질환 발생률 변화를 모니터링하며 도입 범위를 단계적으로 확장하고 있다. 정부 차원에서도 산업 안전 보건 관련 지원책과 연구가 뒤따르고 있는데, 한국산업안전보건공단(KOSHA)이나 산업안전보건연구원(OSHRI)은 엑소스켈리턴 적용 사례를 분석하고 가이드 라인 마련을 위한 연구를 수행 중이다.

결국 산업용 엑소스켈리턴은 안전(근골격계 질환 예방)과 생산성(반복 작업 효율 증대)이라는 두 마리 토끼를 잡을 수 있는 기술로 자리매김하고 있다. 아직은 단가가 높고 일부 현장에서는 장치의 무게와 착용감을 두고 더 편해져야 한다는 의견이 나오지만, 기술 발전 속도와 시장 규모 확장세를 감안하면 머지않아 보편화될 가능성이 크다. 경제성이 확보되면 소규모 제조업이나 중소 물류 기업에서도 엑소스켈리턴을 폭넓게 채택하게 될 것이고, 장기적으로는 근로자의 건강 보호와 기업의 인건비 절감 효과가 상호 시너지를 낼 것으로 기대된다.

엑소스켈리턴의 다양한 응용 범위

엑소스켈리턴은 산업 영역을 넘어 국방, 재활 및 장애 보조, 레저 스포츠 등 인간의 신체 활동이 필요한 거의 모든 분야에서 잠재력을 보이고 있다. 기술 발전에 따라 사용자층과 적용 범위가 꾸준히 넓어지고 있으며, 특히 사람의 '기동성'을 획기적으로 향상시키거나 '힘'을 크게 증강하는 장점이 주목받는다.

국방 분야

국방 분야에서는 군인의 전투 장비나 보급품을 휴대할 때 무거운 하중을 덜어 기동력과 전투력을 높이는 기술로서 엑소스켈리턴이 각광받고 있다. 보병에게 수십 킬로그램의 장비를 지고 장거리 행군을 시키는 것은 오랜 숙제인데, 능동형 엑소스켈리턴을 착용하면 하중이 기계 골격으로 분산되어 피로 누적이 크게 감소한다. 미군은 실제로 ONYX 시스템, 가디언 XO 등을 병사 교육 프로그램 일부에 시범 적용하며 장시간 보초 근무나 산악 지형 이동, 도심 전투 상황 등 다양한 시나리오를 테스트 중이다. 또한 배터리 용량, 내구성, 소음, 방수, 방진 성능 등의 문제를 해결하기 위한 연구가 활발히 이뤄지고 있다.

그림 2-2. 군용, 재활용, 산업용 엑소스켈리턴.[2-2]

재활 및 장애인 보조

재활 분야는 엑소스켈리턴 기술이 가장 먼저 상용화된 영역 중 하나다. 하체가 마비된 환자나 뇌졸중 환자의 경우 로봇 슈트를 착용하면 일정 부분 보행 능력을 되찾을 수 있다. 예컨대 일본 사이버다인의 HAL 시스템은 하체 보조형 제품을 통해 환자가 지팡이나 워커와 함께 서서 걸을 수 있게 만든다. 이는 단순히 이동 편의를 높이는 것에 그치지 않고, 심리적 만족도 향상, 근육 위축 예방, 뼈 밀도 유지 등 다양한 2차 효과를 유발한다. 상지 보조형 시스템은 뇌졸중, 척수 손상, 외상성 뇌 손상 등으로 인해 팔 기능이 떨어진 환자에게 반복적인 재활 훈련 기회를 제공한다. 의지나 전통적 보조 기기와 달리 능동적으로 힘을 전달해 사용자 근육에 자극을 주면서 신경 재학습을 돕는 방식이다.

이러한 기술은 병원 및 재활 센터에서도 관심이 매우 높다. 물리 치료사나 작업 치료사의 부담을 줄일 뿐만 아니라, 환자가 스스로 움직이며 재활 효과를 극대화할 수 있기 때문이다. 가격 면에서는 아직 고가 장비에 속하지만 보험 적용 확대, 의료 기기 소형화와 보급 확장에 따라 점차 더 많은 환자가 이점을 누릴 것으로 예상된다.

레저 스포츠

레저 스포츠 분야에서도 엑소스켈리턴의 활용 가능성이 거론되고 있다. 예를 들어 산악 등반을 좋아하는 사람이 하체 보조 슈트를 착용하면 보다 안전하게 높은 산을 오르고 장시간 걷는 하이킹 시 무릎에 가해지는 부담을 크게 줄일 수 있다는 연구가 진행 중이다. 또한 무거운 카메라 장비를 장시간 들고 이동해야 하는 다큐멘터리 촬영팀이나 무대 장치를 조립하고 분해하는 공연 예술 분야 스태프도 엑소스켈리턴을 도입하면 체력 안배와 안전성을 높일 수 있다.

그 외 직종

장시간 반복 작업이 필요한 직종인 전기 수리공, 배관공, 페인트공, 농부, 배달업 종사자 등도 엑소스켈리턴을 활용할 잠재력이 크다. 오래 들고 있어야 하는 공구나 장비의 무게 부담을 덜고 작업 피로를 줄여 인력난을 해소할 수 있다는 이점이 있다. 앞으로는 각 분야 특성에 맞춰 최적화된 맞춤형 엑소스켈리턴이 개발될 것으로 보이는데, 실제로 미국이나 유럽의 스타트업들은 농업 전용 엑소스켈리턴, 소방관 전용 엑소스켈리턴 같은 특수 모델을 연구 중이다.

엑소스켈리턴 관련 연구 동향

엑소스켈리턴은 로봇 공학과 인간공학, 소재공학, 센서 및 제어 분야 등 다양한 학문 분야가 융합되어야 하는 종합 기술이다. 실제 산업 현장이나 재활 치료, 군사 분야에서 안정적으로 사용하기 위해서는 기계적, 전자적 성능뿐 아니라 인체 공학적 안전성과 편의성까지 종합적으로 고려해야 한다.

로봇 공학 관점

로봇 공학 분야에서는 엑소스켈리턴의 구동 메커니즘과 제어 시스템을 어떻게 최적화하느냐가 핵심 연구 주제다. 능동형 엑소스켈리턴의 경우 구동 부품(전동 모터, 유압·공압 실린더 등)의 무게, 출력, 소음, 전력 소비 등을 최적화해야 착용자가 불편 없이 오래 사용할 수 있다. 이때 소프트 로봇(soft robotics) 개념이 대두되고 있는데, 기존의 딱딱한 금속 프레임 대신 유연하고 탄력 있는 소재를 사용해 인체의 자연스러운 움직임과 더 밀착되도록 설계하는 방식이다. 예컨대 에어백처럼 부풀거나 수축하는 공압 장치를 활용하면 관절에 가해지는 토크를 섬세하게 조절할 수 있고 착용감도 한층 좋아질 수 있다.

최근에는 AI 제어 기술을 엑소스켈리턴에 접목하는 연구도 활발하다. 근전도 센서나 관절 각도 센서를 통해 사용자의 의도와 현재 신체 상태를 실시간으로 파악하고 필요한 만큼의 힘만 '부드럽게' 지원해 주는 것이다. 이는 미리 정의된 패턴이나 스크립트에 따라 움직이는 기존 로봇 방식과 달리 착용자의 상황 변화에 즉각적으로 대응하는 적응형(adaptive) 시스템을 구현할 수 있게 한다.

인간공학 관점

인간공학 분야에서는 엑소스켈리턴 착용 시 사용자가 겪는 신체적, 심리적 부담, 피로도, 편의성을 객관적으로 측정하는 연구에 집중한다. 이를 위해 생체 신호(심박수, 근전도, 산소 포화도 등)나 작업 효율(작업 속도, 실수율, 에러 발생률, 탈착 빈도) 등을 수집하고 착용 전후를 비교 분석해 엑소스켈리턴이 실제로 얼마만큼의 이점을 제공하는지 정량화한다. 또한 인체 공학 설계 원칙에 따라 각 부위의 압박이나 통풍, 무게 중심 등을 고려해 장시간 착용해도 인체에 무리가 덜 가도록 개선점을 제시한다.

한편 산업 공정이나 재활 훈련 등 특정 시나리오에 맞는 사용자 경험(user experience, UX) 연구도 중요한 과제로 떠올랐다. 예컨대 재활 환자가 엑소스켈리턴을 착용하고 보행 훈련을 할 때 지나치게 무거운 장치나 불편한 착용감이 오히려 심리적 부담으로 작용해 재활 의지를 저해할 수도 있다. 따라서 인간공학자는 단순히 기계 성능 향상을 넘어 실제 사용자가 느끼는 감성적, 인지적 편의까지 고려한 전반적 시스템 디자인을 고민해야 한다.

임상 현장 연구

재활 분야에서는 전통적 물리 치료, 수동 보조 기기와 엑소스켈리턴이 가져오는 임상 결과 차이를 비교 분석하는 연구가 꾸준히 진행 중이다. 뇌졸중 환자나 척수 손상 환자의 보행 재활에 엑소스켈리턴이 미치는 효과를 다룬 논문들이 의학 학술지에 속속 등장하고 있으며, 일반적으로 엑소스켈리턴을 활용한 환자가 보다 높은 근력 개선, 보행 거리 증가, 근육 사용 패턴 개선 효과를 보인다고 보고된다. 다만 환자 개인별 특성, 질환의 중증도, 착용 장비의 종류 등에 따라 편차가 있으므로 추가적인 대규모 임상 시험이 필요하다는 게 전문가들의 공통된 의견이다.

산업 분야에서도 실제 현장 적용 전후를 모니터링하는 연구가 진행되고 있다. 예를 들어 물류 센터에서 엑소스켈리턴 착용이 작업 효율과 부상 빈도에 어떤 영향을 미치는지 6개월, 1년, 2년 단위로 추적하는 장기 연구가 대표적이다. 이러한 연구 결과는 향후

엑소스켈리턴 도입 비용 대비 효과(return on investment, ROI)를 정량
화하는 근거가 되며 사용 지침서나 안전 규정을 마련하는 데 기여
한다.

엑소스켈리턴의 미래 연구 방향

엑소스켈리턴은 이미 군사, 재활, 산업 등 다양한 분야에서 실용화
를 시작했지만, 앞으로는 훨씬 광범위하게 도입되고 대중화될 여
지가 크다. 이를 위해 해결해야 할 기술적, 사회적 과제들도 분명
히 존재하며, 동시에 윤리적인 이슈와 법, 제도 측면의 정비도 요
구된다.

경량화와 장시간 동작

우선 가벼우면서도 견고한 소재의 개발이 가장 시급하다. 산업 현
장이나 군 현장에서 하루 8~10시간씩 장비를 착용하고 움직이려
면, 착용자의 몸에 무리가 되지 않는 수준으로 기계 중량을 낮춰
야 한다. 탄소 섬유 폴리머 복합 재료, 마그네슘 합금 등이 활용될
수 있지만 생산 비용이 높다는 단점이 있어 대량 생산과 보급 확
산을 가로막는다. 또한 전동형 엑소스켈리턴이 장시간 구동되려
면 배터리 기술도 개선되어야 한다. 현재 전기차나 드론 산업에서
급속도로 발전 중인 배터리 기술은 엑소스켈리턴에도 긍정적인

영향을 미칠 것으로 보이며 에너지 효율을 극대화하는 제어 알고리듬 연구도 병행될 필요가 있다.

인체 친화적 착용감

엑소스켈리턴은 인체와 밀착해서 작동하는 장치이므로 사용자 체형과 움직임 특성을 면밀히 고려한 맞춤 설계가 필수적이다. 키, 몸무게, 골격 구조가 제각각인 사용자에게 단일 사이즈의 로봇 프레임을 제공한다면 불편함과 피로감을 야기하고 안전성도 떨어질 수 있다. 따라서 다양한 사이즈와 모듈형 설계를 지원하거나 기계가 스스로 체형을 측정해 자동으로 피팅을 조정하는 기술이 각광받는다. 통풍, 땀 흡수, 온도 조절 등 웨어러블 기기에 특화된 인체 공학 설계도 중요한 연구 과제가 된다.

AI와 IoT의 융합

AI와 IoT를 엑소스켈리턴에 융합하면 각 착용자의 생체 신호와 작업 데이터를 클라우드 서버에 전송해 대규모로 학습하고 더 정교한 보조 전략을 실시간으로 제공할 수 있다. 예컨대 착용자가 얼마나 피로해졌는지, 어느 부분 관절에 과부하가 걸리는지 등을 실시간 분석해 잠시 쉬라거나 해당 관절에 가해지는 토크를 조절하겠다고 안내할 수 있다. 이는 작업 안전성과 효율을 동시에 높이는 길이 될 것이고, 원격으로 여러 명의 착용자를 모니터링하거나 제어하는 미래형 작업 환경이 구현될 수도 있다.

사이보그 공학과의 결합

역사학자 유발 하라리(Yuval Harari)는 『호모 데우스(*Homo Deus*)』에서 사이보그 공학(Cyborg engineering)을 언급하며 인류가 생물학적 한계를 넘어서기 위한 여러 기술을 적극적으로 통합하게 될 것이라고 전망했다. 실제로 이미 뇌에 전극을 삽입해 로봇 팔을 원격 조작하거나, 헬멧 형태의 뇌파 센서로 기기를 제어하는 실험이 일부 성공한 사례가 있다. 만약 이러한 뇌―기계 인터페이스 기술이 엑소스켈리턴과 결합한다면 착용자가 로봇 팔다리를 직관적으로 조작하거나 심지어 여러 곳에 있는 로봇 장비를 동시에 다루는 멀티 콘트롤 환경도 구현이 가능해질 수 있다.

또한 몸에 삽입하는 나노 로봇이나 피하에 장착하는 마이크로칩을 통해, 상시 모니터링과 즉각적 치료가 이뤄지는 시대가 오면 재활 치료나 산업 작업의 패러다임 자체가 뒤바뀔 수도 있다. 스웨덴 등 일부 국가에서는 이미 직원이 손에 쌀알 크기의 칩을 주입해 사무실 출입과 복사기 사용, 간단한 결제를 하는 사례가 나타나고 있다. 이런 신체―기계 융합 기술이 점차 일반화되면 굳이 '착용'이라는 물리적 방식조차 넘어서 몸 자체가 기계와 한 덩어리가 되는 방향으로 발전할 가능성도 있다.

윤리적, 사회적 이슈

인간의 신체 능력을 '기계'로 증강한다는 개념은 여러 윤리적, 사회적 논쟁을 동반한다. 예컨대 스포츠 분야에서 엑소스켈리턴 사용이 허용된다면 공정성 문제는 어떻게 될까? 극단적으로 어떤 선수가 로봇 슈트를 착용해 뛰어난 기록을 낸다면 이는 공정한 경쟁이라 보기 어려울 수 있다. 또한 군사적 목적에서 인간 능력을 과도하게 증강하는 것은 국제적 분쟁을 초래할 수 있으며, 전장에서 로봇화된 병사가 행할 수 있는 폭력성도 문제될 수 있다.

프라이버시와 개인 정보 보호 이슈도 빼놓을 수 없다. AI 기반 엑소스켈리턴이 착용자의 생체 신호와 행동 데이터를 실시간으로 수집하고 분석한다면, 이 데이터가 어떤 방식으로 사용되고 보호되는지가 중요해진다. 더 나아가 몸에 칩이나 센서를 심는 것은 '신체 주권'과도 직결되는 문제이므로 법제적 장치와 사회적 합의가 필요하다.

결국 엑소스켈리턴이 광범위하게 보급되는 미래에는 편의와 효율성뿐만 아니라 윤리, 법, 사회 문제를 종합적으로 다루는 새로운 패러다임이 요구될 것이다. 각 국가나 국제 기구는 착용형 로봇의 사용 목적과 범위, 개인 정보 보호 기준, 군사적 제한 등에 대한 규정을 마련해야 할 수 있다.

미래의 엑소스켈리턴

엑소스켈리턴은 인간을 돕는 착용형 로봇에서 출발해 이제 인간의 신체 능력을 한계를 넘어 확장시키는 기술로 빠르게 진화하고 있다. 이미 제조업과 물류업 같은 산업 현장에서는 근골격계 질환 예방과 생산성 향상을 동시에 실현하는 사례가 늘고 있으며 군사 분야에서는 중장거리 행군 시 장비 무게 부담을 덜거나 전투 능력을 높이는 용도로 연구가 활발하다. 재활 분야에서는 보행 능력을 잃은 환자에게 이동의 자유를 돌려주고 상지 기능이 저하된 환자의 재활을 돕는 등 치료 로봇으로도 각광받는다.

인류가 기술 발전과 함께 인간 업그레이드(human upgrading) 또는 사이보그 공학의 시대를 맞이하게 될 것이라는 예측은 단순히 공상 과학 영화 속 상상에 그치지 않는다. 이미 다양한 형태의 뇌－기계 인터페이스(BMI), 나노 로봇, 생체칩 이식 기술 등이 실험 단계에서 가시적 성과를 내고 있으며, 엑소스켈리턴 역시 이러한 흐름의 중요한 축을 담당한다.

다만 이 기술이 가져올 편의와 효율성 뒤에는 윤리적, 사회적 책임 문제와 공정성, 개인 정보 보호, 군사적 균형 등에 대한 첨예한 논의가 뒤따른다. 누구에게나 기계적으로 증강된 능력을 허용할 것인지, 혹은 어느 수준까지가 '허용 가능한' 증강인지를 가르는 기준이 필요할 것이다. 스포츠 분야나 대회에서의 사용 제한,

노동 현장에서의 무분별한 도입에 대한 가이드라인 마련도 새로운 숙제다.

　엑소스켈리턴은 분명 기존에 불가능하다고 여겨졌던 신체 활동 범위를 넓히고, 인간과 로봇이 상호 보완적으로 협력하는 새로운 형태의 작업 환경을 현실화하고 있다. 실제 현장 사례와 연구 결과를 보면 산업 현장의 아이언맨이 되겠다는 구상은 결코 허황된 꿈이 아니며, 머지않아 더 혁신적인 변화를 직접 경험하게 될 가능성이 크다.

　기술의 급속한 발전 추이를 고려하면 가까운 미래에는 엑소스켈리턴이 더욱 대중화되어 우리가 일하고 걷고 놀고 치료하는 모든 방식에 의미 있는 변화를 가져올 것으로 기대된다. 앞으로는 이에 대한 철저한 연구, 제도 정비, 공공 인식 개선이 함께 이뤄져 엑소스켈리턴이라는 강력한 도구가 사람들의 삶을 풍요롭고 안전하게 만드는 방향으로 나아갈 수 있기를 기대한다.

박우진(서울대학교 산업공학과 교수)

3 | 인간 다양성 디자인

인간 다양성과 인간공학

사람들은 신체적, 인지적, 행동적 측면, 기호의 측면에서 매우 다양한 특성을 지닌다. 예를 들어 신체적 측면의 다양성으로는 키, 체중, 근력, 유연성, 시각 및 청각 능력 등이 대표적이다. 이는 제품과 서비스를 설계할 때, 단순히 '평균'만 고려하는 것으로는 결코 충분하지 않음을 보여 준다. 실제 생활에서 사람들이 보이는 다양한 신체 조건은 여러 상황에서 불편함을 초래할 수 있기 때문이다. 의자 하나를 설계할 때도 평균 키 170센티미터에 맞추어 좌판의 높이를 결정하면 키가 150센티미터 정도인 사람이나 190센티미터 이상인 사람에게는 앉기가 불편할 수 있다.

인지적 측면에서 드러나는 다양성은 더욱 흥미롭다. 동일한 그림이나 사진을 볼 때도 사람마다 다른 느낌을 받거나 다른 이미지를 떠올린다. 예컨대 영국 만화가 윌리엄 엘리 힐(William Ely Hill)의 그림을 놓고 일부는 젊은 여인을 보는 것 같다고 말하지만 또 다른 사람들은 늙은 여인으로 보인다고 이야기한다. 이는 우리 뇌가 정보를 처리하는 방식, 즉 인지 체계가 사람마다 다르다는 것을 보여 준다. 또한 제품이나 서비스가 어떻게 작동하는지에 대한 멘탈 모델(mental model)도 각기 다를 수 있다. 똑같은 스마트폰 앱을 사용해도 어떤 사람은 메뉴 구조를 직관적으로 이해하는 반면 어떤 사람은 복잡하게 느낄 수 있으며, 똑같은 버튼을 눌렀는데도 전혀 다른 기대를 할 수도 있다. 이는 생산성, 학습 속도, 안전성에도 큰 영향을 미친다.

사람들의 행동 양식도 상황에 따라 달라진다. 가장 긴단한 에로, 바닥에 떨어진 물건을 주울 때를 생각해 보자. 일부는 무릎을 굽혀 몸을 낮추고 물건을 줍는다. 또 어떤 사람은 허리를 굽히고 팔을 뻗어 물건을 잡는다. 무릎과 허리를 동시에 사용하는 사람도 있다. 이처럼 작업 행동 패턴은 사람마다 다르며, 이 차이는 작업 공간을 구성하거나 작업 도구를 설계할 때 반드시 고려해야 한다.

또 한 가지 중요한 측면은 기호의 차이다. 예를 들어 점심 메뉴로 짜장면을 선호하는 사람이 있고 짬뽕을 선호하는 사람도 있다. 혹은 두 가지 모두 좋아해서 매번 갈등하는 사람도 있다. 식사

그림 3-1. 나의 아내와 장모.[3-1]

메뉴 선택에서 드러나는 기호 차이는 디자인 분야에서도 마찬가지로 중요한 문제다. 자동차 디자인에서 색상이나 좌석 재질을 선택할 수 있도록 옵션을 제공하는 이유 역시, 각 개인의 기호나 선호가 천차만별이기 때문이다.

인간은 매우 다양한 특성을 지니고 있으며, 이러한 '인간 다양성'을 고려하는 것은 안전과 생산성, 좋은 사용자 경험을 전달하는 제품과 서비스를 디자인하기 위해 필수적이다. 사용자의 신체 치수 하나만 고려하는 것이 아니라 인지적 편차, 행동적 선호, 기호에 따른 선택의 폭 등을 폭넓게 살피는 것이 필요하다.

전통적으로 이러한 인간 다양성을 체계적으로 연구하고 그것을 제품 및 서비스의 설계에 적용하는 분야가 바로 인간공학이다. 국제인간공학연맹(International Ergonomics Association, IEA)은 인간공학을 다음과 같이 정의한다. "인간공학이란 인간과 시스템의 다른 요소들 사이의 상호 작용에 대한 이해를 기반으로, 이론, 원리, 자료, 방법 등을 적용해 인간의 웰빙(human well-being)과 전체 시스템의 성능(overall system performance)을 최적화하는 과학적 학문이자 전문 직업이다."

이 정의에서도 알 수 있듯 인간공학의 목표는 인간의 웰빙과 전체 시스템의 성능을 동시에 달성하는 것이다. 이를 위해 인간공학 디자이너들은 인체 치수, 인지 기능, 행동 특성, 선호도 등을 데이터로 수집, 분석하고 그 결과를 바탕으로 설계를 수행한다. 다양한 사람들의 특성을 고려하기 위해서는 평균값만이 아니라 최소값, 최대값, 백분위수 등의 개념도 적극적으로 활용해야 한다. 요컨대 인간공학이 궁극적으로 추구하는 설계 방향은 더 많은 이들이 안전하고 효율적으로 제품과 서비스를 사용하도록 하는 것이며, 이를 위해 '인간 다양성'을 고려하는 작업은 필수적이다.

수용과 수용도

이제 인간 다양성을 좀 더 구체적으로 다루기 위해 필요한 핵심 개념인 수용(accommodation)과 수용도(accommodation level)에 대해 알아보겠다. 우선 어떤 제품 또는 서비스를 하나의 개인 관점에서 바라보자. 그 개인은 신체적, 인지적, 행동적, 기호적 측면에서 특정 니즈(needs)를 가진다. 만약 제품/서비스가 이 니즈를 모두 충족시키고, 개인에게 전혀 불편함 없이 사용 가능하도록 설계되었다면 그 제품/서비스가 '해당 개인을 수용(accommodate)'한다고 표현한다. 반대로 제품/서비스 디자인이 그 개인의 요구 사항을 전혀 충족시키지 못한다면 그 사람은 그 제품/서비스가 자신을 수용하지 못한다고 느끼게 된다.

수용 여부는 해당 개인의 특성과 제품/서비스 디자인이 얼마나 '매칭'되는지에 따라 결정된다. 인체 치수라는 측면에서, 예를 들어 손이 매우 작은 사람이 스마트폰 버튼이나 화면을 쉽게 조작할 수 없다면, 해당 스마트폰은 그 사람을 '수용'하지 못했다고 볼 수 있다. 혹은 초보자가 처음 사용하는 소프트웨어 사용자 인터페이스(user interface, UI)가 지나치게 복잡해서 쉽게 이해할 수 없다면, 그 소프트웨어는 그 초보 사용자에게 인지적 측면에서 수용하지 못한 것이다.

이 개념을 한 개인에서 확장하면 여러 사람으로 이루어진 집단, 즉 인구 집단에 대한 수용도(accommodation level) 개념으로 이어진다. 수용도란 특정 제품/서비스가 전체 인구 중에서 얼마나 높은 비율의 사람들을 수용하는가를 나타내는 지표다. 예컨대 어떤 교실용 책상이 100명의 학생 중 90명을 편안하게 앉을 수 있도록 설계했다면 그 책상의 수용도는 90퍼센트가 된다. 이 90퍼센트는 신체적 측면, 인지적 측면, 행동적 측면, 기호적 측면 등을 모두 종합해 산출할 수도 있고 특정 측면만 고려해 산출할 수도 있다.

이 수용도는 이론적으로 0~100퍼센트 값을 가지며, 가능한 한 높이면 좋을 것이다. 하지만 현실적으로 100퍼센트의 수용도를 달성하기는 상당히 어렵다. 사람들의 특성이 워낙 다양하기 때문에 하나의 고정된 제품이나 서비스만으로는 항상 만족시키지 못하는 사용자가 발생하기 마련이다. 물론 100퍼센트 수용도를 목표로 진행하는 '보편적 설계(universal design)'가 이상적이기는 하지만 실제 제품 경쟁력이나 시장 상황, 비용이나 기술적 제약 등을 고려하면 대개 100퍼센트 달성을 추구하기보다는 경쟁 제품에 비해 더 높은 수용도를 확보하려는 방향으로 설계가 이뤄진다.

인구 집단에 대한 수용도를 높이기 위한 방안을 고민하는 것은 인간공학 설계의 핵심 과제 중 하나다. 이를 위해 다양한 디자인 원리가 소개되어 왔는데, 3장에서는 다음 여섯 가지 원리를 살펴볼 것이다.

- 극단적 개인에 맞춘 고정형 디자인
- 조절성의 부여
- 최적 고정형 디자인
- 수평 세분화
- 퓨전
- 선택과 조합

이번에는 여섯 가지 디자인 원리에 집중해 논의해 보고자 한다. 인간공학 관점에서 어떤 제품을 설계할 때 이 원리들을 적절히 활용하면, 여러 제약 조건 속에서도 인구의 다양한 특성을 더 많이 수용할 수 있다.

극단적 개인에 맞춘 고정형 디자인

가장 먼저 살펴볼 방법은 극단적 개인에 맞춘 고정형 디자인이다. 이는 인체 치수나 인지 행동적 특성에서 "집단 내 가장 극단적인 값(최소 혹은 최대)을 보이는 사용자를 기준"으로 설계를 하는 방식이다. 설계 문제에 따라 어떤 경우에는 이처럼 극단적 사용자에게 맞춘 디자인을 통해, "그 사용자뿐 아니라 그보다 덜 극단적인 특성을 지닌 사람들까지도" 수용이 가능해, 결과적으로 인구 전체의 수용도를 크게 높일 수 있게 된다.

예를 들어 문의 높이를 결정할 때를 생각해 보자. 인구의 키가 150센티미터부터 190센티미터까지 분포되어 있다고 가정하자. 만약 문의 높이를 190센티미터가 넘는 키를 가진 극단적인 사용자(99백분위수)를 기준으로 설계한다면, 그보다 키가 작은 사람들은 전혀 불편함 없이 문을 통과한다. 즉 가장 키가 큰 사람을 기준으로 충분히 문을 높게 설계하면 자연스럽게 나머지 많은 사람도 모두 수용할 수 있다.

한편 의자 등받이와 좌판을 설계할 때 어깨가 매우 넓은 사람을 기준으로 등받이의 너비를 결정하고 다리가 매우 짧은 사람을 기준으로 좌판의 앞뒤 길이를 결정한다면 양쪽 극단값을 모두 고려하는 셈이 되어 더 많은 사람을 수용할 수 있다. 이러한 방식에서 매우 중요한 자료가 인체 측정치 데이터베이스인데, 우리나라에서는 국가 차원에서 확보된 사이즈 코리아(SIZE KOREA) 데이터베이스가 그 예시이다. 제품 디자이너는 목표 인구 집단의 백분위수(5백분위수, 95백분위수)를 고려해 극단값을 설정함으로써 많은 이들을 수용할 수 있는 고정형 디자인을 도출할 수 있다.

이 원리는 간단하고 직관적이다. 다만 모든 경우에 이 방법이 통한다는 뜻은 아니다. 예를 들어 키가 큰 사용자와 키가 작은 사용자를 동시에 고려해야 할 때, 높은 곳의 조작부는 키 작은 사람에게 맞추고 발판이나 구름판 등의 추가 설계를 해야 하는 등 단순히 키가 큰 사람 기준으로 문을 높이기처럼 한 방향으로만 극단값을 맞추기는 어려울 수도 있다. 따라서 여러 인체 치수나 인지 행동적 파라미터가 서로 충돌한다면 이 방법만으로는 충분하지 않을 수 있다.

조절성의 부여

두 번째 원리는 조절성(adjustability)을 부여하는 것이다. 이는 단 하나의 고정된 형태가 아닌, 여러 가지 상태 중에서 사용자가 자신의 특성에 맞추어 스스로 조절할 수 있도록 설계함으로써 수용도를 높이는 전략이다.

가장 쉽게 떠오르는 예시가 자동차 시트일 것이다. 자동차 운전석 시트는 앞뒤 위치, 시트 높낮이, 등받이 각도, 요추 받침의 굴곡 정도 등 여러 요소를 운전자가 자신의 신체 치수나 편안함의 기준에 맞추어 조절할 수 있다. 이 덕분에 키가 작은 사람, 허리가 긴 사람, 다리가 긴 사람도 상당수 편안함을 느끼며 운전을 할 수 있게 된다. 조절 기능은 다양한 신체적 특성을 지닌 사용자를 동시에 수용할 수 있게 하므로 제품의 수용도를 크게 높일 수 있다.

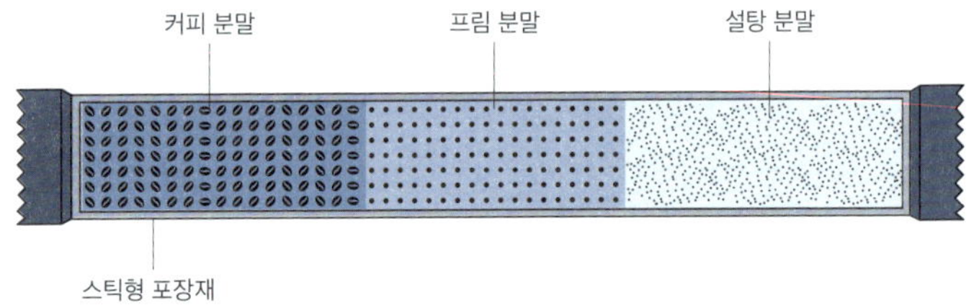

그림 3-2. 설탕 투입량 조절이 가능한 커피 믹스 봉투. [3-2]

이번에는 커피 믹스 스틱을 생각해 보자. 일반 커피 믹스는 커피, 프리마, 설탕이 정해진 비율로 섞인 형태이지만 설탕 조절 기능이 있는 믹스 스틱을 사용하면 개인이 원하는 만큼 설탕을 덜어 내거나 남길 수 있다. 비록 이 조절 범위가 크지는 않더라도 단맛을 싫어하는 사람부터 달게 마시는 사람까지 더 넓은 사용자 집단을 수용하게 되는 것이다.

조절성을 부여할 때 가장 중요한 문제는 "조절 범위를 어디까지 설정할 것인가?"이다. 조절 범위를 넓게 잡으면 잡을수록 더 많은 사람을 수용할 수 있지만, 그만큼 설계 복잡도가 증가하고 제조 비용이나 유지 보수 비용이 늘어날 가능성이 있다. 따라서 현실적으로는 목표로 하는 수용도, 제품 가격, 시장 수요 등을 종합적으로 고려해 최적의 조절 범위를 정하게 된다.

최적 고정형 디자인

세 번째 방법은 최적 고정형 디자인을 찾아내는 것이다. 조절성 제공이 불가능하거나, 제공하더라도 너무 큰 비용이 들거나 공학적으로 어려운 경우, 혹은 극단적 개인에 맞춘 고정형 디자인만으로는 충분한 수용도를 확보하기 어려운 경우에 적용할 수 있는 전략이다. 예를 들어 손잡이(핸들) 같은 간단한 부품을 설계할 때, 매개 변수가 그립의 지름 한 가지라고 해 보자. 큰 손을 가진 사용자를 기준으로 너무 크게 만들면 손이 작은 사용자는 손잡이를 세게 움켜쥐기 힘들어질 것이다. 반대로 손이 작은 사용자를 기준으로 너무 작게 만들면 손이 큰 사용자에게는 그립감이 좋지 못할 수 있다. 이런 상황에서는 극단값에 맞추는 것이 아니라 어떤 '중간값'을 선택해야 적정선에서 더 많은 사람을 수용할 수 있다.

이 원리는 제품 설계 시 다양한 대안들의 성능(즉 수용도)을 측정하거나 계산한 뒤, 그중에서 최대의 수용도를 보이는 고정형 값을 찾아내는 과정을 거친다. 실제로는 통계적 분석이나 인체 측정학 실험, 사용자 테스트를 통해, "지름 3.5센티미터일 때 가장 많은 사용자가 불편함 없이 사용할 수 있다."와 같은 결론을 도출할 수 있다. 이를 위해서는 사전에 인구 집단의 신체 치수 분포를 파악하고 그 분포에 대해 어떤 지점을 선택했을 때 전체적으로 수용되는 인구 비율이 최대가 되는지를 고민해야 한다.

최적 고정형 디자인은 간단하면서도 실용적이라는 장점이 있다. 단점이라면 여러 변수(지름, 길이, 재질, 각도)가 동시에 고려될 때, 그 최적값을 찾는 과정이 복잡할 수 있고, 또한 특정 범주 밖에 있는 사용자들을 결국 포기해야 한다는 점이 있다. 그래도 조절 범위를 둘 수 없는 상황에서는 필연적으로 거쳐야 할 중요한 방법 론이다.

수평 세분화

앞선 방법들로도 해결이 어려운 경우, 예컨대 하나의 고정형 디자 인이나 조절 기능만으로는 다양한 사용자 특성을 모두 수용하기 가 힘들 때 수평 세분화(horizontal segmentation) 방법을 사용할 수 있 다. 수평 세분화는 전체 사용자 인구를 몇 개의 하위 그룹으로 나 누고 각 하위 그룹에 대해 최적 고정형 디자인을 개발, 제공하는 것이다.

기성복(ready-to-wear) 사이즈 체계를 예로 들어보자. XS, S, M, L, XL, XXL 등으로 대표되는 사이즈 구분은 인구의 신체 사이즈 를 세분화해 각 범주에 대해 서로 다른 옷을 제작해 놓는 방식이 다. 하나의 옷(프리 사이즈)만으로는 다양한 체형을 모두 만족시킬 수 없으니 여러 개의 고정형 제품을 만들어 고객이 자신의 체형에 맞는 옷을 고를 수 있도록 하는 것이다. 이를 통해 전체 수용도를 극적으로 높일 수 있다.

수평 세분화를 적용할 때도 역시 중요한 이슈는 "하위 그룹을 몇 개로 나눌 것인가?"와 "각 그룹에 맞는 디자인을 어떻게 결정할 것인가?"이다. 하위 그룹을 많이 나누면 나눌수록 각 그룹에 대한 제품을 더 정교하게 맞출 수 있으므로 수용도가 올라갈 가능성이 크다. 하지만 디자인과 생산, 마케팅 비용이 기하급수적으로 늘어나기 때문에 현실적으로는 기업이 목표로 하는 시장 규모와 비용을 고려해 적절한 분할 수준을 찾는다. 비단 신체 사이즈뿐 아니라, 맛의 기호(스파게티 소스 맛 종류, 커피의 산미 등)나 기능적 요구(노트북 성능 세분화, 휴대폰 카메라 성능 세분화)에서도 동일한 논리가 적용된다.

퓨전

앞서 살펴본 수평 세분화는 여러 가지 다른 고정형 디자인을 따로따로 제공하는 방식이다. 그런데 사용자가 두 가지 디자인을 동시에 원한다면 어떻게 해야 할까? 많은 사람이 점심 식사로 짜장면과 짬뽕 중 하나를 선택해서 먹지만 간혹 짜장면과 짬뽕을 모두 먹고 싶은 이들이 있다. 이러한 사용자를 위해 등장한 메뉴인 짬짜면이 바로 퓨전(fusion)의 개념이다.

퓨전에서는 서로 다른 고정형 디자인(또는 제품, 서비스)을 결합해 '새로운 하나의 디자인'으로 만들어 낸다. 뼈가 있는 치킨과 순살 치킨, 혹은 양념 치킨과 후라이드 치킨을 둘 다 원하는 사람이 있다면 반반 치킨이라는 메뉴를 제공해서 하나의 박스 안에 양쪽 맛 모두를 담을 수 있도록 하는 것이 대표적이다. 피자도 마찬가지다. 하프 앤 하프 피자(페퍼로니＋고구마 무스 등)는 두 가지 종류의 피자를 한 판에 합쳐 두 가지 모두 맛보고 싶은 사용자를 수용한다.

퓨전 방식은 사용자의 복합적 기호를 만족시킬 수 있는 강점을 지니지만 해당 제품/서비스를 결합하는 과정에서 추가 비용이 발생하거나 물리적, 화학적, 기능적 충돌이 생길 수도 있다. 반반 피자가 가게 입장에서는 재료 관리와 생산 프로세스를 복잡하게 만들 수도 있는 것이다. 그래도 이러한 복합 취향의 사용자까지 수용해 시장 점유율을 높이겠다는 관점에서는 매우 유용한 전략이 된다.

선택과 조합

마지막으로 살펴볼 원리는 선택과 조합이다. 제품 또는 서비스가 여러 가지 디자인 요소로 구성되어 있을 때 각각의 디자인 요소에 대한 옵션들을 제공하고 사용자가 이들을 스스로 조합해 최종적인 결과물을 얻는 방식이다. 조절성 부여가 제품 측면에서 물리적, 기능적 파라미터를 변화시킬 수 있도록 하는 것이라면 선택과 조합은 사용자에게 '메뉴판'을 열어 두고 원하는 요소끼리 조합해 자신만의 디자인을 만들어 내도록 유도하는 방법이라고 할 수 있다.

대표적인 예시로 패스트푸드 브랜드 서브웨이(Subway)를 들 수 있다. 서브웨이에서는 빵의 종류(화이트, 위트, 허니 오트 등), 속 재료(터키, 햄, 참치, 베이컨 등), 야채(양상추, 토마토, 피망, 양파 등), 소스(스위트 어니언, 허니머스터드, 마요네즈 등)를 사용자가 자유롭게 선택해 조합할 수 있도록 한다. 그 결과 무수히 많은 조합이 가능해지며 개인의 기호를 세밀하게 반영할 수 있다.

가전 제품 분야에서도 비슷한 사례가 있다. 삼성전자의 비스포크(Bespoke) 라인업은 냉장고의 색상, 재질, 도어 개수, 구획 등을 사용자가 원하는 대로 선택해 맞춤형 제품을 구성할 수 있도록 한 것이다. 이렇게 다양한 조합이 가능해지면 100퍼센트 완벽한 나만의 디자인을 만드는 것은 여전히 어려울 수 있지만 기존에 수평 세분화로 만들어 낸 제한된 여러 가지 모델보다 훨씬 더 풍부한 선택지를 제공할 수 있다.

다른 관점에서 선택과 조합은 수평 세분화를 한 단계 더 확장한 형태라고 이해할 수도 있다. 수평 세분화가 일정한 묶음을 패키지로 만들어 사용자에게 제시한다면 선택과 조합은 가능한 요소들을 더 세밀하게 개별화해 사용자가 직접 꺼내 조립할 수 있도록 열어 두는 것이다. 이것은 커스터마이제이션(customization)의 한 형태로서 제품 설계 및 생산 공정에서 어느 수준까지 모듈화(modularization)하느냐에 따라 구현 가능성이 달라진다.

인간 중심의 혁신

지금까지 인간 다양성과 인간공학이라는 주제로 인간의 신체적, 인지적, 행동적, 기호적 특성이 얼마나 다양한지 살펴보았다. 그리고 이러한 다양성을 어떻게 디자인에 반영할 수 있는지에 대해 여섯 가지 원리를 중심으로 논의했다.

극단적 개인에 맞춘 고정형 디자인 키가 가장 큰 사람을 기준으로 문의 높이를 설정하면 그보다 키가 작은 사람은 자연스럽게 수용된다.

조절성 부여 자동차 시트처럼 여러 파라미터를 사용자가 직접 조절하게 하면 다양한 신체 조건을 동시에 커버할 수 있다.

최적 고정형 디자인 여러 대안 중 가장 많은 사람에게 편안함을 주는 중간값을 찾아내는 설계 방식이다.

수평 세분화 전체 인구를 몇 개의 하위 그룹으로 나누고, 각각에 맞는 고정형 디자인을 복수로 제공하는 전략이다. 기성복 사이즈 체계 등이 대표적이다.

퓨전 서로 다른 고정형 제품이나 서비스를 결합해 하나의 새로운 디자인으로 만드는 방식이다. 짬짜면, 반반 치킨이 예시다.

선택과 조합 여러 가지 디자인 요소에 대해 사용자가 직접 옵션을 고르고 조합하도록 해 폭넓은 요구 사항을 수용하는 방식이다. 서브웨이와 비스포크 냉장고가 좋은 사례다.

제품이나 서비스가 다양한 사용자들의 요구 사항을 수용하기 위해서는 각각의 상황과 목적에 따라 적합한 전략을 선택, 결합해 적용하는 것이 중요하다. 어느 한 방법만으로는 100퍼센트 수용도를 달성하기 어렵지만, 여러 디자인 원리를 혼합하면 훨씬 높은 수용도를 기대할 수 있다.

끝으로 이러한 모든 논의의 바탕이 되는 것은 바로 인간공학이라는 학문 분야다. 인간공학은 사용자들의 몸과 마음, 행동 양식, 기호적 특성을 정량적, 정성적으로 파악하고 그것을 설계에 반영하기 위한 이론과 방법론을 체계적으로 제공한다. 따라서 제품 디자인, 서비스 기획, 건축, IT 시스템 구현 등 다양한 분야에서 인간공학적 원리를 적극 활용하면 더 많은 사람에게 편안하고 안전하며 만족스러운 경험을 선사할 수 있을 것이다. 궁극적으로 그것은 기업의 시장 경쟁력뿐 아니라 모든 사람의 삶의 질과 웰빙 향상에 기여한다.

이 여섯 가지 원리는 인간 다양성을 설계에 반영하는 여러 방법 중 핵심적인 것들이다. 물론 실제 상황에서는 이러한 원리들을 혼합하거나 변형해서 적용하는 경우가 많으며 최근에는 AI나 빅데이터 분석 기술을 기반으로 한 '개인화된 추천 시스템'도 각광받고 있다. 그러나 디자인의 궁극적 목표는 결국 "더 많은 사람이 안전하고 편안하게, 만족스럽게 사용할 수 있도록 하는 것"이라는 점에서는 변함이 없다.

결국 인간 다양성에 대한 이해와 인간공학적 접근이 뒷받침될 때 더 나은 제품, 더 좋은 서비스, 더 살기 좋은 환경을 만들어 낼 수 있을 것이다. 이는 산업공학의 본질적인 목적과도 맞닿아 있으며 궁극적으로 사회 전체의 효율과 행복을 높이는 길이 된다. 앞으로의 설계 과정에서 독자 여러분이 이 원리들을 기억하고 활용한다면 인간 중심적이면서도 혁신적인 결과물을 만들어 낼 수 있으리라 믿는다.

박우진(서울대학교 산업공학과 교수)

4 | 내 마음 내가 알까?

1968년 스탠리 큐브릭(Stanley Kubrick) 감독의 영화 「2001: 스페이스 오디세이(2001: A Space Odyssey)」는 생각하고 말하며 감정을 표현하는 컴퓨터 HAL 9000을 등장시켰다. 당시에는 공상 과학의 영역에 머물렀지만 수십 년이 지난 지금 AI는 연구실을 넘어 일상으로 스며들고 있다. HAL 9000이 현실화된 셈이다.

현재 상용화된 거대 언어 모델(large language model, LLM)을 제외하면 대부분의 AI 기술은 여전히 실험실 수준에 머물러 있다. 기술이 상용화되기 위해서는 성능 최적화뿐만 아니라 사용자 중심의 설계와 인간공학적 접근이 필수적이다. 인간공학은 인간의 신체적, 인지적 특성을 고려해 사용자와 시스템 간의 상호 작용을 최적화함으로써 인간의 복지와 시스템 효율성을 높이는 학문으

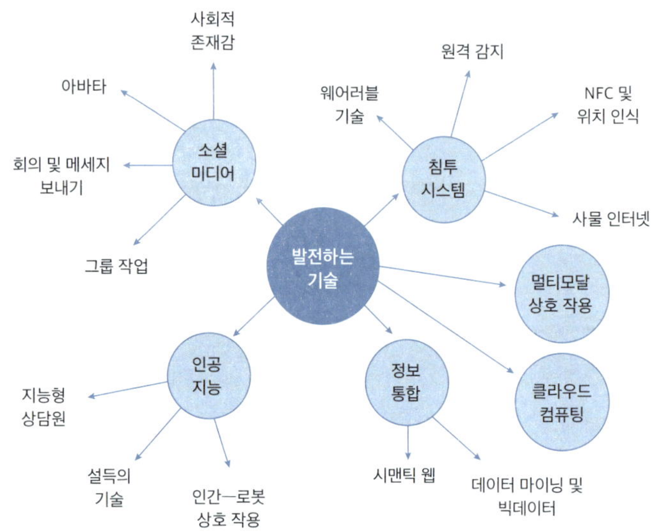

그림 4-1. 사회 기술 시스템으로서의 신기술과 AI.

로, 시장에서 기술의 성공을 결정짓는 핵심 요소다.

2017년 영국 러프버러 대학교 교수 마틴 맥과이어(Martin Maguire)는 AI를 단순한 기술이 아닌 사회적 기술로 정의하며, 이를 사회 기술 시스템(AI as a socio-technical system)이라고 개념화했다. 그는 AI가 지능형 비서(intelligent agents) 역할을 수행하며, 점심 식사 장소 추천부터 신사업 기획안 제안까지 사용자의 결정을 돕고 영향을 미치리라 예측했다. 특히 설득 기술(persuasive technology)로 발전하며 사용자 행동에 실질적인 영향을 줄 가능성을 강조했다.

맥과이어 교수는 인간—로봇 상호 작용이 AI와 함께 활발해질 것이라고도 내다보았다. 과거에는 AI가 소프트웨어로만 존재했다면, 이제는 LLM을 로봇에 탑재함으로써 물리적 실체를 가지게 될 것이다. 이러한 발전은 새로운 윤리적 과제를 동반하며, AI가 사회적 책임과 윤리적 기준을 충족해야 함을 시사한다.

맥과이어 교수는 웨어러블 기기와 더불어 침투형 기술(pervasive systems)의 확산도 예측했다. 스마트 워치, 비전 프로와 같은 기기뿐 아니라 몸속으로 직접 침투하는 기술이 점차 등장할 것이라는 전망이다. 대표적인 사례인 당뇨 혈당 측정기처럼 몸 안에서 데이터를 수집하는 이와 같은 기술은 다양한 사용 맥락을 고려한 설계가 필수적이다. 예를 들어 노인이나 어린이가 다룰 수 있어야 하고 땀이 많은 환경에서도 안전하고 효과적으로 작동해야 하며 기술적 정확성을 넘어 인간공학적 접근이 강조된다.

국내에서도 인간공학적 설계가 활발히 이루어지고 있다. 삼성전자, LG 전자 등 대기업은 사용자 행동과 감성을 분석해 제품 설계에 반영하고 있다. 동작 분석 기기, 근전도(근육 활동도), 생체 신호 및 시선 추적 기술을 통해 인간의 행동을 실시간으로 모니터링하고, 사용자 경험을 혁신하기 위한 연구를 수행 중이다. 자율 주행 기술에서도 인간공학적 접근이 중요한 역할을 한다. 예를 들어 레벨3 자율 주행에서는 운전자의 전방 주시 의무가 없기 때문에 자동차가 제어권 전환 요청(take over request, TOR)을 효과적으로 전달해야 한다. 이를 위해 멀티 미디어, 다중 감각, 경고음, 시트 진동, 촉각적 알림 등 다양한 방식으로 운전자와 소통할 수 있어야 한다.

인간공학적 사용자 경험 설계에서 중요한 개념 중 하나는 JND(just noticeable difference, 변화 감지역)이다. 독일 심리학자 에른스트 베버(Ernst Heinrich Weber)가 처음 제시한 이 개념은 인간이 두 자극 간의 차이를 인지할 수 있는 최소한의 변화를 뜻한다. JND는 제품 설계와 마케팅 전략에 널리 활용된다. 예를 들어 감자칩 제조 업체는 감자칩의 양을 소비자가 인지하지 못할 정도로 줄이는 방식으로 비용을 절감하고 소비자의 반발 없이 가격 인상 효과를 누릴 수 있다. 맥주 제조 업체는 계절에 따라 원료의 점도와 효소 양을 조정하되 소비자가 맛의 변화를 느끼지 못하도록 설계한다. JND를 활용하면 소비자 민감도를 고려해 제품 변화를 효과적으로 관리할 수 있다.

미래의 기술을 디테일까지 완벽하게 구성하기 위해서는 사용자 맥락의 고려가 필수적이다. 유명한 맥도날드의 밀크셰이크 사례에서, 하버드 대학교의 클레이튼 크리스텐슨(Clayton Magleby Christensen) 교수팀은 고객의 행동을 관찰해 밀크셰이크 구매 패턴을 분석했다. 그 결과 통근 시간에 밀크셰이크를 구매하는 고객들이 많다는 점을 발견하고 새로운 제품을 개발해 판매량을 7배 늘렸다. 이처럼 행동 관찰은 고객의 숨겨진 니즈를 발견하고 제품

개선에 활용하는 데 중요한 역할을 한다. AI 기술도 사용자 행동
과 맥락을 분석하며 발전하고 있으며 이를 통해 사용자 경험을 최
적화할 수 있다.

멘탈 모델 설정은 신기술 상용화를 성공으로 이끄는 핵심 요
소다. 스마트폰은 전화기와 시계 모양의 아이콘처럼 직관적인 인
터페이스를 통해 사용자가 쉽게 이해할 수 있도록 설계됐다. AI도
마찬가지로 영화 속 HAL 9000이나 「그녀(Her)」의 AI 비서와 같
은 친숙한 사례를 활용해 사용자들이 기술을 자연스럽게 이해하
고 수용할 수 있도록 해야 한다. 이는 기술과 사용자의 간극을 줄
이고 상호 작용을 원활하게 만드는 데 필수적이다.

감성공학은 사용자 경험을 강화하는 또 다른 방법이다. 현대
자동차는 소비자 감성을 반영한 사운드 설계를 통해 브랜드 이미
지를 효과적으로 전달했으며, BMW는 자동차의 모든 사운드를
통합적으로 관리하며 일관된 사용자 경험을 제공하고 있다. 감성
과 기술의 조화는 제품의 성공을 좌우할 수 있다.

AI가 일상으로 스며들면서 인간과 AI 간 상호 작용 방식이
중요해지고 있다. 최적의 사용자 경험을 제공하기 위한 인간−AI
상호 작용 기술은 AI가 사용자 의도를 이해하고 적절한 답변을 제
공하기 위해 필요한 기술로 주목받고 있다. AI가 단순히 성능을
넘어 사용자의 맥락을 이해하고, 기대에 부응하는 응답을 제공하
려면 인간공학적 설계와 깊이 있는 연구가 필요하다. 결국 AI 상

용화의 성공 여부는 기술 성능을 넘어 사용자 중심의 설계와 인간 공학적 접근에 달려 있다. 인간의 신체적, 인지적 특성을 고려한 설계와 더불어 윤리적 책임을 충족시키는 AI는 미래 사회에서 핵심 경쟁력을 갖출 것이다.[4]

윤명환(서울대학교 산업공학과 교수)

5 | 애플의 주가가 오른 이유는?

#공급망 관리

공급망관리란 무엇인가?

요소수 부족 사태, 우크라이나 전쟁 등으로 인해 "공급망" 키워드가 뉴스에서 많이 보인다. 그렇다면 과연 공급망은 무엇이고 공급망관리(supply chain management, SCM)는 무엇을 목표로 하는 것일까? 공급망관리는 제품이 원재료 상태에서 최종 소비자에게 도달하기까지의 모든 과정을 관리하고 최적화하는 것을 의미한다. 공급망은 여러 단계의 협력 업체 또는 공급 업체(supplier)와 물류 시스템을 포함해 복잡한 네트워크로 구성된다. 예를 들어 세탁 세제가 소비자의 손에 들어오기까지는 여러 공급망 단계를 거치며 다음 과정을 거친다.

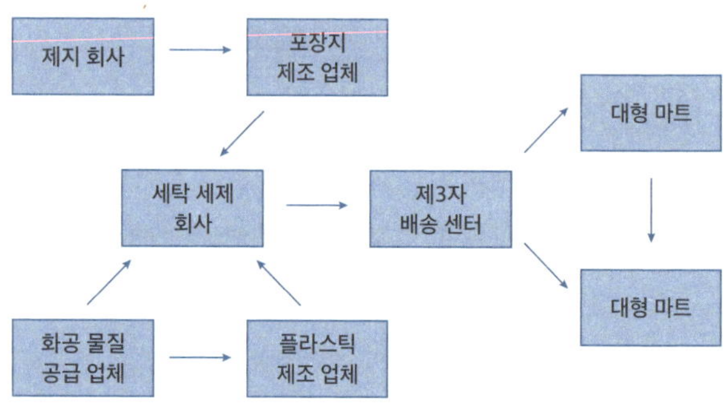

그림 5-1. 세탁 세제의 공급망.

　최종 제품인 세탁 세제를 만들기 위해서는 액체 또는 가루 세제와 이를 보관하는 플라스틱 용기나 종이 포장 용기가 필요하다. 세제 회사는 이러한 부품이나 재료를 직접 생산하지 않고, 전문 협력 업체를 통해 조달한다. 예를 들어 종이 포장 용기는 종이 포장재 전문 생산 업체로부터 공급받고 종이 포장재를 생산하는 협력 업체는 제지 회사로부터 제지를 공급받는다. 각 단계의 공급 업체로부터 조달된 원재료와 부품들은 세제 회사의 공장에서 조립 및 제조 과정을 거쳐 최종 제품인 세탁 세제가 생산된다.

　완성된 세탁 세제는 물류 창고로 이동되며, 여기서 제3자 물류 회사가 대형 마트나 온라인 쇼핑몰로 제품을 배송한다. 물류 회사는 제조 업체와 소비자 사이에서 제품의 배송을 담당해 세탁 세제가 소비자에게 직접 전달될 수 있도록 한다.

세탁 세제 하나가 생산되어 소비자에게 전달되기까지는 여러 단계의 협력 업체와 물류 시스템이 얽혀 있는데 이를 공급망(supply chain)이라고 한다. 과거에는 공급 사슬이라고도 불렸으나, 복잡한 네트워크 형태를 반영하기 위해 현재는 공급망이라는 용어가 사용된다. 공급망관리는 고객의 수요와 공급을 효율적으로 맞추는 것을 목표로 하며, 생산 과정의 최적화, 원재료와 부품의 조달, 제품의 유통 및 배송까지 모든 단계를 포함한다. 궁극적으로 공급망관리는 전체 시스템의 효율성을 높이고 비용을 절감하며 제품의 품질을 유지하는 데 중점을 둔다.

공급망관리는 현대 경제에서 매우 중요한 요소다. 세탁 세제의 예를 통해 볼 수 있듯 각 단계의 협력 업체와 물류 시스템이 유기적으로 연결되어 제품이 소비자에게 전달된다. 효율적인 공급망관리는 기업의 경쟁력을 높이고, 고객 만족도를 향상하는 핵심 요소로 작용한다.

SCM의 기원

공급망관리의 뿌리는 전쟁의 역사 속에서 발전했다. 전쟁에서 승리하거나 어떤 집단이 이윤을 극대화하는 과정에서 한 가지 공통된 핵심 요소가 있다. 바로 '한정된 자원을 어떻게 운용할 것인가?'라는 문제다. 핵심 자원이 무엇인지 파악하고 자원의 유기적 특성을 이해하며 한정된 자원을 어떻게 효율적으로 사용할 것인지 고민해야 한다. 공급망관리는 과업을 달성하기 위해 자원을 효율적으로 활용하는 과학적 사고와 구체적인 방법론을 포함한다.

인류의 전쟁 역사에서 공급망관리는 병참 또는 로지스틱스(logistics) 개념으로 발전했다. 전투 부대와 그들이 필요로 하는 물자는 한정적이고 전쟁 상황에 따라 변화하며 이러한 요소들은 전투력에 큰 영향을 미쳤다. 전투 부대에 필요한 물자를 적시에 공급하는 것은 손실된 전투력을 보강하는 것이며 궁극적으로 전투에서 승리하는 데 중요한 역할을 한다. 전쟁에서 이러한 역할이 병참이다.

병참의 중요성을 잘 보여 주는 예로 11~13세기 십자군 전쟁에서 3차 원정군의 사령관으로 활약한 잉글랜드의 리처드 1세를 들 수 있다. 그는 이전 십자군 원정들이 실패한 이유가 전략 부족과 군자금, 보급품 수송의 실패에 있다고 판단했다. 이를 개선하기 위해 그는 왕실 재산을 매각해 군자금을 확보하고 군대가 필요로 하는 식량과 물자를 철저히 관리했다. 특히 "육상 행군 시 바다와 가까운 길을 택할 것"이라는 전술 원칙을 세워, 원정 상황에서도 군량을 지속해서 공급할 수 있는 보급선을 유지하고 부상병을 이송하는 체계를 구축했다. 이러한 병참 계획 덕분에 리처드 1세는 열악한 상황에서도 아르수프 지역 점령에 성공할 수 있었다.

반면 병참 실패로 전쟁에서 패배한 대표적인 사례는 나폴레

옹(Napoléon Bonaparte)의 러시아 원정이다. 나폴레옹은 병참의 중요성을 누구보다 잘 이해한 지도자였고 중앙 체제로 군수품을 관리하는 체계를 구축했다. 하지만 러시아 원정에서 그의 병참 계획은 실패로 끝났다. 나폴레옹의 전술 원칙 중 하나는 "가장 훌륭한 병사는 적보다 먼저 목적지에 도착하는 자"였다. 이 원칙을 따르다 보니, 전투 부대는 빠르게 진군했지만 보급 부대는 뒤처지고 결국 전투 부대는 군량과 보급품 없이 굶주리게 되었다. 전염병과 추위 속에서 대규모 병력을 잃게 만든 결정적 패착이었다.

앞의 사례들을 통해 재고관리와 물류관리가 공급망관리의 중요한 구성 요소임을 확인할 수 있다. 병참의 개념은 근대 산업 혁명을 거쳐 현대에 이르러 더욱 정교하게 발전했고 과학적 관리 이론으로 자리잡았다. 공급망관리는 전쟁에서의 병참과 마찬가지로 기업이 제한된 자원을 효과적으로 관리하고 활용해 경쟁력을 유지하는 데 핵심적인 역할을 한다.

공급망관리를 잘하는 기업은?

공급망관리를 잘한다는 것은 고객의 수요를 정확히 예측해 수요와 공급을 잘 맞추는 능력을 의미한다. 이는 제품을 적게 주문하거나 생산해 판매하지 못하는 상황을 방지하고 과다하게 주문하거나 생산해 폐기 비용을 최소화하는 것이다. 그렇다면 이것을 어

순위	회사명	합산 점수
1	슈나이더 일렉트릭	5.96
2	시스코 시스템즈	5.04
3	콜게이트-파몰리브	4.62
4	마이크로소프트	4.3
5	존슨앤존슨	4.29
6	디아지오	4.19
6	로레알	4.19
8	엔비디아	4.11
공급망 마스터: 아마존, 애플, 피앤지, 유니레버		

떻게 알 수 있을까?

기업들이 공급망관리를 잘하고 있는지 평가하기 위해서는 정량적이고 객관적인 방법이 필요하다. 이러한 평가를 통해 기업들은 단순히 '잘한다'는 주관적인 판단을 넘어 구체적인 성과를 바탕으로 비교할 수 있다. IT 분야 시장 조사 및 분석 기관 가트너(Gartner)가 매년 전 세계 기업들의 공급망관리 성과를 다양한 지표를 통해 평가하고 순위를 매기는 주요 평가 항목은 다음과 같다.

우선 전문가 평가와 같은 정성적인 지표가 있다. 다음으로는 정량적인 지표들이 나오는데, '유형 자산 대비 순이익'은 공장이나 생산 설비와 같은 유형 자산 대비 실제로 벌어들인 순이익의

연도	펩시	코카콜라
2023	5위	11위
2022	5위	12위
2021	7위	18위
2020	6위	13위

비율을 의미하며 최근 3년간의 지표 평균값을 사용해 계산한다. 수익 상승률은 전년 대비 변화된 수익률의 변화를 보여 주는 지표로, 기업의 성장성을 평가하는 데 사용된다. 재고 자산 회전율은 매출액을 평균 재고 자산으로 나눈 비율로, 재고의 효율성을 나타낸다. 재고 자산 회전율이 높을수록 재고를 효율적으로 관리하고 있음을 의미하며 공급망관리 성과에 중요한 영향을 미친다.

재고 자산 회전율은 기업이 적정 수준의 재고를 얼마나 효율적으로 유지하고 있는지를 평가하는 중요한 지표다. 이는 공급망관리 평가에 큰 영향을 미치며, 최근 많은 기업이 이 지표를 주요 성과 지표(KPI)로 삼아 집중 관리하고 있다. 2024년 가트너가 발표한 글로벌 공급망 상위 기업의 순위는 표 5-1과 같다.

미국의 대표적인 음료 회사인 펩시와 코카콜라를 비교해 보면, 코카콜라가 세계 시장 점유율에서는 우세하지만 공급망관리 관점에서는 펩시가 더 높은 평가를 받았다. 펩시는 코로나19 사태로 인해 높아진 재고 수준을 낮추기 위해 생산 과정에서 발생하는 낭비를 줄이고 재고를 최소화하는 데 중점을 둔 린(lean) 생산 방식을 도입했다. 이러한 노력의 결과 펩시는 전체 운영 비용을 줄일 수 있었고 재고 자산 회전율에서 코카콜라보다 높은 수치를 기록해 공급망관리 측면에서 더 우수한 평가를 받았다.

코로나19 사태로 많은 기업이 위기를 겪었지만 미국의 제약 회사 화이자(Pfizer)는 이를 기회로 활용했다. 백신과 치료제 수요 증가를 예측하고 디지털 공급망을 대대적으로 개편해 생산 시간을 단축했다. 그 결과 화이자는 가트너 공급망 순위에서 큰 폭으로 상승해 2022년 전체 순위 6위에 올랐다.

우리나라의 경우 과거에는 가트너 순위 10위권에 포함된 대표 기업이 있었으나 최근에는 25위권 밖으로 밀려났다. 국내 기업들이 공급망관리에 더 많은 관심을 기울여야 한다는 신호다. 국가와 기업은 정량적 지표와 정성적 평가를 통해 공급망관리 역량을 강화하고 글로벌 경쟁력을 높이기 위해 지속해서 노력해야 한다.

공급망관리는 기업의 경쟁력과 직결되므로 이를 효과적으로 관리하지 못하면 글로벌 시장에서의 입지가 약화될 수 있다. 따라서 우리 기업들은 글로벌 트렌드를 주시하고 최신 기술과 전략을 도입해 공급망관리 역량을 꾸준히 개선해야 한다.

잡스 사망 후에도 애플 주가가 오른 이유는?

2011년 10월 5일, 상품 기획과 개발에 독보적인 창의성을 보인 애플(Apple Inc.)의 스티브 잡스(Steven Paul Jobs)가 사망한 후 애플의 미래와 주가는 초기에는 불안정했고 미래가 어두우리라 예상되었다. 그러나 약 10년간 주가는 꾸준히 상승했다. 이는 잡스 사망 이후 새로 부임한 팀 쿡(Timothy Donald "Tim" Cook)의 공급망관리 역량과 밀접한 관련이 있다. 잡스가 사망한 시점과 2024년 8월 현재의 애플 주가를 비교하면, 각각 54.03달러와 약 220달러로 큰 차이를 보이는 것을 그래프에서 확인할 수 있다.

잡스가 CEO(Chief Executive Officer, 최고 경영자)로 재임하던 시절 COO(Chief Operating Officer, 최고 운영 책임자)였던 쿡은 1998년 애플에 합류한 후 공급망을 효율적으로 운영해 회사의 성장을 주도했다. 그는 효율적인 공급망관리, 대규모 계약, 제조 파트너와의 협력 강화, 글로벌 공급망 구축 등을 통해 제품 품질과 생산 효율성을 높였으며 시장 변화에 신속하게 대응할 수 있는 시스템을 구축했다. 특히 100개에 이르던 부품 공급 회사를 20개로 줄여 공정의 효율성을 극대화하고 제품 생산 공장을 부품 공급 회사와 가까운 위치에 배치해 재고 보관 기간을 기존 70일에서 10일 수준으로 단축해 상당한 비용 절감을 이루었다. 이러한 쿡의 재고관리 기술은 애플의 높은 이윤을 보장하는 기반이 되어 애플은 공급망

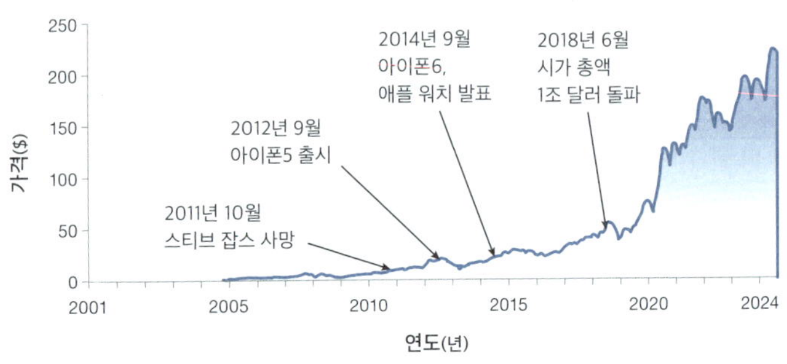

그림 5-2. 애플의 주가 변화.[5-1]

관리 및 활용 능력에서 전 세계 2위에 오르게 되었으며, 현재까지도 공급망관리 능력에서 1위 자리를 고수하고 있다.

애플은 전문가 평가, 수익률, 매출, 재고 회전율 등을 기준으로 한 가트너 선정 순위 중에서도 일종의 공급망 명예의 전당이라 할 수 있는 "공급망 마스터"라는 별도의 카테고리에 포함되어 있다. 공급망 마스터로 선정되기 위해서는 지난 10년 중 최소 7년 동안 상위 5위에 포함되어야 한다. 애플은 가트너가 선정하는 공급망관리 우수 기업 순위에서 2010년부터 2020년까지 이 조건을 달성하고 2008년부터 2013년까지 연속으로 1위를 차지해 공급망 마스터를 획득했다. 이처럼 애플에서 공급망관리는 잡스의 사망이라는 위기를 벗어나는 수단을 넘어 기업의 시장 가치를 상승하게 하는 동력으로 작용하고 있다.

미국은 왜 대만 TSMC와 협력하는가?

TSMC(Taiwan Semiconductor Manufacturing Company)는 세계 최대의 반도체 제조 업체로서 글로벌 기술 산업의 중심에서 중요한 역할을 하고 있다. 반도체는 현대 전자 기기의 핵심 부품으로, 스마트폰, 컴퓨터, 자동차 등 다양한 산업에 필수적이다. 반도체를 생산하는 TSMC의 중요성은 미국과 중국 간의 경제, 기술적 갈등의 핵심 요소로 작용하고 있다. TSMC는 전 세계 반도체 생산의 상당 부분을 담당하며 특히 첨단 공정 기술에서 독보적인 위치를 차지하고 있다. 미국과 중국 모두 TSMC의 생산 역량에 크게 의존하고 있어 두 나라 간의 기술 경쟁과 경제적 갈등을 촉발하는 중요한 요인이 되고 있다.

미국은 중국이 첨단 기술을 군사적 목적이나 정보 수집에 사용할 가능성을 우려하며 특히 화웨이와 같은 중국 기업이 TSMC의 반도체를 사용하는 것을 방지하려 하고 있다. 이러한 우려는 미국의 반도체 수출 통제 강화로 이어졌다. 반면 중국은 이러한 제재를 피하기 위해 독자적인 반도체 생산 능력을 강화하려 하고 있다. 이는 TSMC와 같은 글로벌 공급망에 대한 의존도를 줄이기 위한 전략이다.

미국과 중국 간의 갈등은 TSMC와 관련된 공급망 리스크를 증가시킨다. TSMC는 리스크를 줄이기 위해 생산 시설을 대만 외 다른 지역으로 확장하는 노력을 기울이고 있다. 예를 들어 미국 애리조나에 새로운 반도체 공장을 건설해 공급망의 다변화를 시도하고 있는데, 미국의 반도체 공급망을 안정화하고 중국과의 갈등에서 비롯된 리스크를 완화하려는 전략이다. 중국 또한 자국 내 반도체 생산 능력을 강화하고 있다. 중국의 반도체 제조 업체인 SMIC(중국 반도체 제조 국가)는 생산 역량을 확대해 TSMC에 대한 의존도를 줄이려 하고 있다. 중국이 공급망 리스크를 최소화하고 자급자족을 통해 기술 독립을 이루려는 노력의 일환이다.

반도체 산업의 글로벌 공급망은 다양한 국가의 협력과 규제에 영향을 받는다. 미국은 동맹국들과 협력해 반도체 공급망의 안정성을 강화하려는 노력을 기울인다. 예를 들어 일본과 한국과의 협력을 통해 공급망의 다변화를 추진하고 있다. 미국이 중국과의 기술 경쟁에서 우위를 점하고 반도체 공급망의 안정성을 확보하려는 전략이다.

TSMC의 반도체 생산과 관련된 미국과 중국 간의 갈등은 글로벌 공급망관리 측면에서 복잡한 문제를 야기한다. 반도체는 기술 혁신과 국가 안보에 중요한 역할을 하기 때문에, 양국 간의 갈등은 계속해서 주요한 이슈로 남을 것이다. 공급망 다변화, 자급자족 노력, 국제적 협력 및 규제를 통한 전략적 대응이 필요하다. 이를 통해 TSMC와 같은 주요 기업들이 글로벌 시장에서 안정적인 공급망을 유지하고 기술 경쟁에서 우위를 점할 수 있을 것이다.

공급망 컨트롤 타워는 왜 필요한가?

최근 몇 년간 글로벌 공급망에서 발생한 여러 위기 상황은 국가급 공급망관리 시스템의 필요성을 명확히 보여 준다. 2019년 일본의 불화수소 수출 제한, 2020년 팬데믹 이후 공급망 불안정성 증가, 2021년 중국의 비료 및 요소 수출 제한으로 인한 요소수 품절 사태 등은 대한민국 경제에 큰 영향을 미쳤다. 이러한 문제를 해결하고 미래의 리스크를 줄이기 위해서는 국가 차원에서의 체계적인 공급망관리가 필수적이다.

대한민국의 주요 산업용 원자재의 대부분은 중국에 의존하고 있다. 표 5-3 산업통상자원부 자료에 따르면 음극재의 천연 흑연

표 5-3. 2023년 주요 산업용 원자재 중국 의존도.

제품	원자재	의존도(%)
음극재	천연 흑연	97.7
양극재	NCM 전구체	97.0
반도체 소재	무수불산	96.1
반도체 희귀 가스	크세논	64.0
희토 영구 자석	희토류 금속	86.1
요소	차량용 요소	90.3
마그네슘	마그네슘괴	99.4
몰리브덴	몰리브덴 금속	80.5

(97.7퍼센트), 양극재의 NCM 전구체(97퍼센트), 반도체 소재의 무수불산(96.1퍼센트) 등 많은 원자재의 중국 의존도가 매우 높다. 이러한 상황에서 중국이 경제적 보호 무역을 실행하면 해당 제품들의 생산에 큰 차질이 발생할 수 있다.

정부는 '산업 공급망 3050 전략'과 소부장 및 공급망 안정화 특별법을 통해 2030년까지 첨단 산업 공급망에서 특정국 의존도를 50퍼센트 이하로 낮추는 것을 목표로 하고 있다. 이는 대한민국의 지속 가능한 발전을 위해 필수적인 조치이다. 2024년 6월, 윤석열 대통령이 우즈베키스탄 등 3개국을 방문해 '핵심 광물 공급망 협력 파트너십 MOU'를 체결한 것처럼, 공급처 확보와 더불어 공급망 안정화를 위해 정부도 다양한 노력을 기울이고 있다.

최근의 공급망 위기 사례는 대한민국이 국가급 공급망 컨트롤 타워를 도입할 필요성을 강하게 시사한다. 이를 통해 공급망의 안정성을 높이고 경제적 리스크를 최소화할 수 있다. 다음은 국가급 공급망 컨트롤 타워 도입을 위한 구체적인 방법이다.

정부는 산업 전반에 걸친 공급망 리스크를 평가하고, 이를 바탕으로 전략적 계획을 수립해야 한다. 이는 장기적인 비전과 목표를 포함하며, 주요 원자재와 부품의 비축 계획을 포함해야 한다. 또한 소부장 및 공급망 안정화 특별법과 같은 법률을 제정해 공급망관리를 체계적으로 지원해야 한다. 이를 통해 정부의 역할과 책임을 명확히 하고, 기업들이 법률을 준수할 수 있도록 유도한다.

주요 원자재와 부품의 수요와 재고를 실시간으로 모니터링할 수 있는 데이터 통합 시스템을 구축해야 한다. 이를 통해 공급망의 투명성을 높이고, 리스크를 사전에 예측할 수 있다. 빅데이터와 AI 기술을 활용해 공급망 데이터를 분석하고, 효율적인 관리 및 예측 모델을 개발한다. 이는 공급망의 효율성을 극대화하고, 신속한 대응을 가능하게 한다. 정부와 기업 간의 긴밀한 협력 체계를 구축해 공급망 리스크를 사전에 예측하고 대비한다. 정기적인 협의체를 운영해 정보 공유와 공동 대응 방안을 마련한다. 국내외 기업들과 협력해 공급망 네트워크를 확장하고 다양한 공급원을 확보한다. 이를 통해 특정 국가에 대한 의존도를 줄이고 공급망의 안정성을 강화한다.

주요 원자재와 부품을 전략 물자로 지정하고 비축 계획을 수립해 긴급 상황에서 안정적인 공급을 보장한다. 전략 물자의 비축과 관리를 위한 전담 부서를 설치하고 효율적인 비축 시스템을 운영한다. 이는 비축 물자의 품질과 보관 상태를 지속해서 모니터링해 긴급 상황 시 활용할 수 있도록 한다.

공급망관리 전문가를 양성하기 위한 교육 및 훈련 프로그램을 운영한다. 이를 통해 공급망관리의 전문성을 높이고, 체계적인 대응 능력을 갖춘 인력을 확보한다. 또한 중소 기업을 대상으로 공급망관리 역량을 강화하기 위한 지원 프로그램을 마련한다. 이는 중소기업들이 공급망 리스크에 효과적으로 대응할 수 있도록 돕는다.

품목명	수입액(1,000달러)
원유, 역청질 광물 원유	7,497,489
천연가스	5,688,060
화폐용 금, 금화, 경화	4,949,285
열전자관, 냉음극관, 광전관	4,502,248
석유와 역청유(원유를 제외), 이들의 조제품	2,135,945
특수 산업용 기타 기계 기구 및 명시되지 않은 동부분품	1,373,743
자동 자료 처리 기계	1,118,957
철광석 및 정광	870,692
달리 명시되지 않은 측정, 검사, 분석 통제 기구 및 장치	815,272
승용 자동차, 기타의 차량	783,500
동광석 및 정광, 동매트, 시멘트동	741,023
751항 및 752항 기계 전용 부분품	728,105
액화 프로판 및 부탄	689,470

2022년 1월 품목별 수입액 순위 통계청 자료

- 국내 주력 산업 분류
- 대외 의존도 비중
- 공급처 독점 여부
- 수요 변동 가능성

순위	품목명
1	원유
2	반도체 집적 회로
3	천연가스
4	액화 프로판 및 부탄
5	희토류
6	비료 및 질소화합물
7	철광석 및 정광
8	유연탄
9	무기화학원소, 산화물, 할로겐염
10	알코올, 페놀—알코올, 이들의 할로겐화

주요 관리 대상 상위 100 수입 원자재 선정

그림 5-3. 주요 관리 품목 선정의 기준 및 선정 방법. [5-2]

주요 교역국과의 협력 관계를 강화하고, 국제 협약을 체결해 공급망의 안정성을 확보한다. 이는 글로벌 공급망의 다변화를 촉진하고 국제적인 협력 네트워크를 구축하는 데 기여한다. 국제 기구와 협력해 글로벌 공급망의 동향을 모니터링하고, 정보를 공유해 위기 상황에 신속하게 대응할 수 있도록 한다.

국가급 공급망 컨트롤 타워 도입은 대한민국이 미래의 공급망 리스크를 최소화하고 경제적 안정성을 확보하는 데 필수적이다. 정부 주도의 전략적 계획 수립, 중앙 집중식 관리 시스템 구축, 민관 협력 강화, 전략 물자 비축 및 관리, 교육 및 훈련 프로그램 운영, 국제 협력 강화 등을 통해 효과적인 공급망관리 체계를 마련할 수 있을 것이다. 정부 부처의 협력을 이끌어 낼 수 있는 컨트롤 타워의 신설이 필요하며 이를 통해 공급망 불확실성에 사전적, 사후적으로 대응할 수 있을 것이다.

대한민국은 공급망 위기를 어떻게 극복할 수 있을까?

2019년 일본 정부는 반도체 및 디스플레이 제조에 필수적인 불화수소의 수출을 제한했는데, 이는 일본과의 무역 분쟁에서 비롯된 조치로 대한민국의 반도체 산업에 큰 타격을 주었다. 당시 한국은 일본산 불화수소에 대한 의존도가 높았기 때문에 대체 공급원을 찾는 데 많은 어려움을 겪었다.

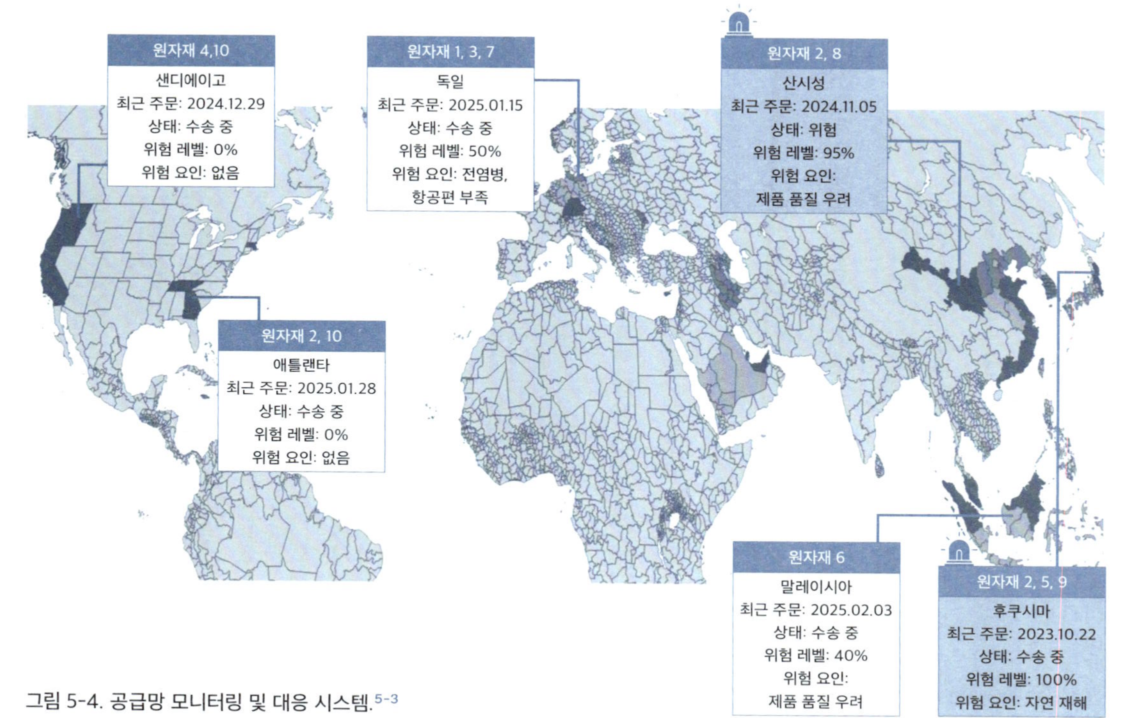

그림 5-4. 공급망 모니터링 및 대응 시스템.[5-3]

2021년에는 중국이 요소의 수출을 제한하면서 대한민국은 주요 산업 분야에서 필수적인 요소수 확보에 어려움을 겪었다. 이 사태는 공급망의 다변화와 전략 물자 비축의 중요성을 다시 한번 일깨웠다. 이러한 위기는 무역 분쟁으로 인해 특정 자원의 수출 기준이 강화되면서 발생했다. 앞으로 유사한 국가적 분쟁의 재발을 막기 위해 산업 전반에 공급망 위기를 극복하기 위한 구체적인 방안이 필요하다.

첫째, 산업 전반에 걸쳐 중요한 물자를 전략 물자로 지정하고 이를 비축하는 방안을 검토해야 한다. 이는 미래의 공급망 위기에 대비하는 데 중요한 역할을 할 수 있다. 정부는 주요 원자재와 부품의 비축 계획을 세워야 하며, 이를 통해 긴급 상황에서의 안정적인 공급을 보장할 수 있다.

두 번째로, 대한민국의 원자재와 부품 공급망을 다변화해야 한다. 특정 국가에 대한 의존도를 줄이고, 다양한 공급원을 확보하는 것이 중요하다. 이를 위해 정부와 기업은 협력해 새로운 공급망을 구축하고, 기존의 공급망을 재검토해야 한다.

마지막으로, 공급망의 주요 자원과 부품의 수요와 재고를 실시간으로 모니터링할 수 있는 시스템을 구축해야 한다. 이는 특정 공급원에 문제가 발생했을 때 빠르게 대체 공급원을 확보할 수 있도록 도와준다. 또한 공급망의 투명성을 높여 위기 발생 시 신속하게 대응할 수 있는 능력을 강화한다. 그림 5-4는 모니터링 시스템의 예시다.

대한민국은 자동차, 반도체, 철강 등 주요 산업에 필요한 원자재를 중국에서 대규모로 수입하고 있다. 예를 들어 자동차 차체와 부품, 반도체 제조에 필요한 원자재 상당 부분이 중국에서 공급된다. 만약 중국이 경제적 보호 무역을 실행한다면 대한민국의 이러한 산업들은 심각한 생산 차질을 겪을 가능성이 크다.

대한민국은 불화수소 수출 제한과 요소수 사태를 통해 공급망의 취약성을 경험했다. 이러한 위기의 재발을 막기 위해서는 전략 물자 지정 및 비축, 공급망 다변화, 실시간 모니터링 시스템 구축이 필요하다. 이를 통해 대한민국은 미래의 공급망 리스크를 최소화하고 경제적 안정성을 확보할 수 있을 것이다.

문일경(서울대학교 산업공학과 교수)

6 | 당일 배송에 중독되다

코로나19 이후 더욱 급속히 확산되는 온라인 쇼핑을 가능하게 한 것은 새벽 배송, 로켓 배송 등을 불리는 신속 배송 서비스 덕분이다. 새벽 배송 서비스를 처음으로 제공한 기업은 마켓컬리로, 쿠팡, SSG닷컴, 오아시스 마켓 등이 뒤를 이어 서비스를 개시했다.[6-1] 덕분에 오늘날 우리나라 소비자는 여러 새벽 배송 서비스를 비교해 선택할 수 있는 편리함을 누리고 있다.

하지만 고객의 주문 마감인 밤 11~12시부터 고객에게 주문한 상품을 전달하는 새벽 6시까지 대략 6시간 내외의 짧은 시간을 고려하면 수많은 상품을 고객의 주문에 맞게 분류하고 고객이 원하는 장소로 배송하는 작업은 물류 창고, 배송원, 배송 트럭뿐 아니라 상품들이 막힘없이 빠르게 이동할 수 있도록 각종 정보 시스템들까지 필요하기 때문에 막대한 투자가 필요한 사업이다. 이때문에 새벽 배송을 제공하는 기업들은 아직 대부분 큰 적자를 내고 있으며 투자 금액의 회수는 아직 요원한 상황이다. 예를 들어 마켓컬리는 2019년부터 2023년까지 해마다 1000억 원 이상의 적자를 기록하고, 2024년이 되어서야 흑자 전환을 기대하고 있다.[6-2] 비슷하게 쿠팡도 2022년 3분기까지 막대한 적자를 기록했다.[6-3] 이는 각 도심 근교에 방대한 양의 물류 창고를 구축하고, 각 고객들로의 배송을 위해 수많은 물류 트럭과 배송원을 운영하는 데 드는 투자 금액이 그만큼 컸기 때문이다. 또한 물류 창고의 각 선반에서 해당 제품을 신속하게 찾아서 배송 박스에 모아 배송 트럭으로 보내고 각 배송 트럭이 최단시간에 고객 주소지까지 방문하도록 하는 각종 운영 시스템에도 몇백억에서 몇천억까지 되는 막대한 재원이 소요된다.

하지만 최근 이 기업들은 그동안 쌓인 고객 데이터와 운영 노하우 덕분에 조금씩 적자 탈출을 모색하고 있으며 일부 기업은 조금씩 분기 흑자를 내기 시작하고 있다. 여기에 기여하는 핵심 기술은 AI 기반 및 데이터 기반 최적화 기술들이다. 6장에서는 우리가 편리하게 사용하고 있는 새벽 배송을 가능하게 하고 서비스 제공 기업들이 우리가 원하는 제품들을 적시에 공급할 수 있는 물류 시스템의 운영 기법들과 산업공학의 역할을 소개한다.

그림 6-1. 스마트창고의 물류 서비스.[6-4]

스마트 물류 센터 기술: AI 기반 적재 최적화 기법

물류 창고의 보관 및 반출은 단순한 작업으로 생각되기 쉽다. 하지만 물동량 및 제품 수가 늘어나면서 초대형 창고들이 구축되고, 새벽 배송에 필요한 빠른 보관 및 반출이 필요해지면서 물류 센터도 AI 및 최적화 모형을 사용해 효율적이고 섬세한 관리 방법을 시도하고 있다. 스마트 물류 센터 운영은 AI 기반 적재 최적화 기술로 물류 창고 운영의 효율을 극대화한다. 예를 들어 삼성SDS는 AI 기반의 적재 최적화 시스템인 첼로 시스템을 통해 박스 선정, 팰릿 적재, 트럭 적재의 3단계 시뮬레이션 기능을 제공한다(그림 6-1). 여기서 최적화 기법은 3D 스캐너로 측정된 제품의 크기, 중량, 라벨 위치, 무게중심 등을 고려해 가장 안정적이고 밀도가 높은 적재 계획을 도출한다. 적재 트럭의 빈 공간을 최소화하고 제품 손상도를 낮출 수 있으며 하루에 필요한 트럭 수도 정확하게 예측 가능하다.

랜덤 스토우 기법

전통적으로 물류 창고에서 물품의 보관은 마치 도서관과 같이 정해진 구역에 비슷한 물품들을 모아서 비슷한 물품들을 모아서 진행했다. 하지만 최근에는 고객의 높은 주문 변동성과 폭증하는 제품의 수량과 종류를 관리하는 데 빅데이터 분석 기술과 AI 기반의 최적화 알고리듬을 활용한 무작위적인 랜덤 스토우(random stow) 방식이 오히려 더 효율적일 수 있음을 보여 주고 있다. 물류 창고의 모든 제품을 비슷한 상품별로 묶는 것이 아니라 무작위적으로 보이듯 여기저기에 분산 배치해 보관하는 기법이다(그림 6-2).

랜덤 스토우 방식은 기존의 창고 운영 방식과 비교해 두 가지의 장점을 지니고 있다. 첫째로 잘 설정된 랜덤 스토우 기법에서는 한 고객으로부터 여러 물품의 주문이 들어왔을 때 창고 내 물품들을 찾아 수령하러 가는 경로가 물품별로 위치가 고정되어 있을 때보다 짧아질 수 있다. 실제로 고객이 제품을 주문하는 장바구니를 보면 신발, 신선 식품, 세제와 같이 전혀 연관이 없는 제품

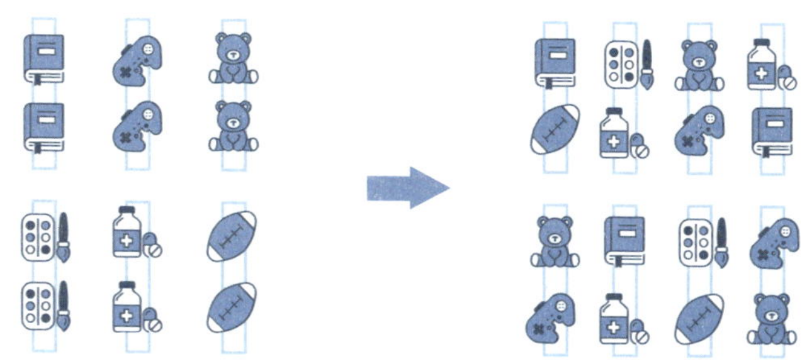

그림 6-2. 랜덤 피킹 설명도.

들을 필요에 따라 한번에 모아서 주문하는 무작위성을 관찰할 수 있다. 따라서 고객의 무작위적 주문에 대응하는 데는 오히려 무작위적인 저장 방식이 더 효과적일 수도 있다. 둘째로 보관 공간을 더 효율적으로 사용할 수 있다. 만약 같은 종류의 제품들을 모아서 적재하는 경우에는 제품들 사이 사이 공간이 빌 수 있다. 랜덤 스토우 방식은 이러한 빈 공간에 서로 다른 크기의 제품들을 보관하면서 공간 이용 효율을 높일 수 있다.[6-5] 마지막으로, 제품별로 정해진 구역이 없어 제품이 도착하는 즉시 빈자리에 신속하게 적재하는 것이 가능하다. 세계 최대의 물류 유통 플랫폼인 아마존을 비롯해 쿠팡도 랜덤 스토우 방식을 사용해 로켓 배송과 새벽 배송 시스템을 운영하는 것으로 나타났다.[6-6]

물류 로봇 운영 기법

물류 창고에서는 랜덤 스토우 기법으로 제품을 잘 저장하는 것에 더해 빠르게 이 상품들을 다시 담아서 전달할 필요가 있다. 이 업무를 모두 수작업으로 처리하게 되면 상품을 들고 나르는 것이 힘들 뿐만 아니라, 작업자들끼리 서로 엉켜서 설이나 추석의 고속도로와 같이 정체가 발생할 수도 있다. 이런 문제점을 해결하기 위해 물류 창고의 상품 운반은 자동화 시설로 대체가 되는 추세이며, 이것을 가능하게 하는 것이 무인 운반 로봇이다. AGV(automated guided vehicle)로 불리는 이 로봇은 바닥에 위치한 바코드를 인식해 현재 위치와 주행 경로를 파악해 상품을 이동시킨다. 미국 아마존은 자사의 창고에서 이미 50만 대 이상의 물류 로봇을 운행 중이며 국내에서도 쿠팡과 같은 온라인 상거래 플랫폼이 최근 물류 로봇들을 적극적으로 도입하고 있다(그림 6-3).

물류 로봇의 도입 수가 늘어나면서 수백 대 또는 수천 대의 로봇들이 서로 간섭이나 정체 없이 원활하게 상품을 옮길 수 있도록 로봇의 경로를 제어하는 기술도 정교해질 필요가 있다. 그러나 이러한 운영은 단순한 규칙으로는 구현이 불가능하며 수많은 경우의 수마다 모두 규칙을 설정할 수도 없어 많은 어려움이 있었다. 최근에는 AI 기반의 강화 학습 알고리듬을 사용해 이러한 물류 로봇을 제어하는 방법들이 시도되며 산업공학을 전공한 연구

그림 6-3. 물류 창고 안의 물류 로봇 운영 사진.

자들이 다수 포함된 국내외 스타트업들이 활발하게 기술 개발을 주도하고 있다.[6-7]

AI와 데이터 기반의 첨단 기술들을 적극적으로 개발하고 활용한 결과 소비자들은 편하게 집에서 새벽 배송 서비스를 저렴하게 이용할 수 있는 것이다. 새벽 배송은 단순한 서비스나 사업 아이템이 아니라 정교한 과학 기술의 결정체인 셈이다.

박건수(서울대학교 산업공학과 교수)

7 | 가내 수공업에서 대량 생산 체제까지

#생산 관리

8초마다 한 대씩, 놀라운 생산성

자동차는 대략 2만~3만 개의 부품이 조립되어야 비로소 완성되는 엄청나게 복잡한 상품으로서 현대 엔지니어링 기술의 총아라고 불리기까지 한다. 한국자동차모빌리티산업협회 자료에 따르면 국내에서 2023년 1월부터 11월까지 생산된 자동차는 387만 5966대다. 이 숫자를 이용해 평균적으로 자동차를 만드는 데 걸리는 시간을 계산해 보면 우리나라에서 8.13초마다 자동차가 1대씩 생산되었으며, 부품 단위로 보면 대략 0.00037초마다 1개씩 자동차 부품이 조립되었다고 계산된다. (물론 이 계산은 단순히 11개월의 시간을 총생산대수로 나눈 값으로, 실제 자동차를 만드는 데 걸리는 공정 시간과는 다른 값이다. 실제로 자동차 1대당 평균 조립 시간은 회사에 따라 다르지만 15~30시간으로 알려져 있다.[7-1] 또 다른 하이테크 상품인 스마트폰은 약 2,000~3,000개의 부품으로 구성되어 있는데, IDC 기준 2023년 한해 삼성전자에서는 약 2억 2660만 대를 생산해 평균적으로 1초에 8대꼴로 스마트폰 1대가 만들어졌다는 계산이 나온다.

자동차나 스마트폰과 같이 공학적으로 매우 복잡한 물건의 평균 생산 시간이 고작 몇 초 단위의 짧은 시간이라는 것은 실로 놀라운 사실이 아닐 수 없다. 어떤 제품을 얼마나 빠르게 생산할 수 있는가를 나타내는 척도가 바로 '생산성(productivity)'인데, 과연 어떻게 이렇게 높은 생산성으로 물건을 만들 수 있게 되었을까? 우리는 언제부터 물건을 빠르고 정확하게 만드는 방법, 즉 생산성을 높이는 방법에 관심을 가지게 되었을까?

생산성을 높이는 방법을 연구하는 학문, 산업공학

인류의 조상 중에는 도구를 사용할 줄 아는 인류를 의미하는 호모 하빌리스(*Homo habilis*)라는 집단이 있었던 것으로 알려져 있다. 인류가 호모 사피엔스(*Homo sapienss*)로 진화하는 과정에는 호모 에렉투스(*Homo erectus*), 즉 직립 보행이 가능해지는 인류가 나타나면서 두 손이 자유로워지는데, 자유로워진 두 손을 이용해서 수렵 및 채집 활동에 도움이 되는 물건을 만들어서 사용할 줄 아는 단계로

그림 7-1. 자동차 생산 공정.[7-2]

발전하게 되는 것이다. 이렇게 도구를 만들고 사용하는 과정에서 인류의 뇌가 발달하고 커지는 진화 과정을 겪었다고 한다.

우리는 호모 하빌리스의 존재를 통해서 '살아나가는 데 필요한 물건을 만드는 일'이 지금의 인간으로 진화하는 데 얼마나 중요한 역할을 했으며, 또한 인류의 가장 근본적인 본능 중 하나를 차지하는 부분임을 알 수 있다. 즉 호모 하빌리스 이후 인류는 계속해서 생존에 필요한 물건들을 만들어 왔고, 그러한 인간 본능적 활동의 현대적 의미가 바로 '공학(engineering)'이라고 이해할 수 있다. 따라서 공학을 통해서 만들려고 하는 그 무언가는 당연히 우리가 살아나가는 데 필요한 다양한 물건들이 될 터이고, 근대 이후 시장 경제 체제에서 그 물건들은 대부분 시장에서 거래되는 상품(goods)의 형태를 띠게 되므로, 결국 공학이라는 학문은 '상품을 만드는 것과 관련된 학문'으로 정의할 수 있다. 그리고 공학의 정의에 따르면 공학이 추구하는 근본적인 문제는 바로 '무엇을 어떻게 만들 것인가?'로 압축할 수 있다. 이때 일반인들이 잘 알고 있는 공학의 종류인 토목공학, 건축공학, 기계공학, 화학공학, 전자공학 등은 무엇(what)을 기준으로 분류된 것이라면, 산업공학은 바로 '어떻게(how) 만드는 것이 바람직하겠는가?'라는 질문에 초점을 맞춘 연구를 수행하는 학문이다. 여기에서 바람직하다의 기준을 산업공학에서는 '생산성' 또는 '효율성'이라는 척도를 이용하며, 결국 산업공학이라는 학문은 생산성을 높이는 방법을 찾는 학문으로 설명할 수 있다.

도구를 만드는 종으로서 인류가 호모 하빌리스 때부터 오랫동안 무언가 필요한 물건을 만들어 오기 시작했으나, 사실 '생산성'이라는 데에 본격적으로 관심을 가지고 생산성을 올리기 위한 체계적인 노력을 시작한 것은 산업공학이라는 학문이 탄생하면서부터라고 해도 과언이 아니다. 즉 우리가 자동차와 스마트폰과 같은 상품을 엄청난 수준의 생산성으로 만들 수 있는 데에는 바로 100여 년 전 탄생한 산업공학의 공로가 결정적이었다는 것이다.

그러면 인류가 어떠한 노력과 과정을 거쳐 현재와 같이 엄청난 생산성을 가질 수 있었는가를 살펴보고, 이를 통해 앞으로 미래의 생산 과정은 또 어떤 형태로 진화할 것인지를 상상해 보는 것도 재미있지 않을까?

한곳에 여러 사람이 모여서 물건을 만드는 곳, 공장의 탄생

200여 년 전에 있었음 직한 옆집 부부의 가상의 다음 대화를 한번 들어보자.

개똥이 엄마: 개똥이 아빠! 옆집 순이 아빠는 어제 밭일하고 와서 저녁 먹고 잠자리에 들때까지 두 시간 만에 짚신 열 켤레를 후딱 다 만들어서 그 집 아홉 식구가 하나씩 신고, 하나 남은 걸 고맙게도 우리 개똥이 신으라고 선물로 줬어요.

개똥이 아빠: 아이고 고맙구먼, 내일 순이 아빠한테 내가 담근 막걸리 한 주전자 가져다 줘야겠네.

개똥이 엄마: 그런데 순이 아빠는 어째 그리 손이 빠르데요? 하룻밤에 열 켤레라니! 당신은 겨우 대여섯 켤레밖에 못 만들잖아요! 당신도 한번 가서 순이 아빠가 어떻게 만드는지 잘 보고 배워와 봐요.

개똥이 아빠: 참나! 순이 아빠는 타고난 손재주가 있어서 그런 걸 내가 어떻게 따라 해? 누구나 다 분수에 맞게 타고난 재주

만큼 누리고 사는 거야. 아 나는 대신에 막걸리 하나는 기가 막히게 잘 담잖아? 하하하!

개똥이 엄마: 으이구 내 팔자야!

불과 200여 년 전만 해도 대부분 생활에 필요한 물건들은 집에서 혼자 손으로 직접 만들어서 사용했고, 이러한 생산 체제를 '가내 수공업 체제'라고 부른다. 가내 수공업 시절까지만 해도 '얼마나 물건을 잘 만들 수 있는가?'의 문제, 즉 노동 생산성은 개인적으로 타고난 능력의 영역으로 간주하는 경향이 높았다. 따라서 짚신을 만드는 것과 같이 아무리 단순한 작업 방식이라도 생산성이 높은 작업 방법을 쉽게 따라하기는 어렵다고 생각했고, 인간의 노동은 관리할 수 있는 대상이 아니었으며 따로 관리할 필요성조차 크게 느끼지 않았다.

그러나 증기 기관의 발명과 생산의 기계화로 18세기 후반에 나타나는 산업 혁명을 겪으면서, 기존의 가내 수공업 방식에서 탈피해 여러 작업자가 기계가 설치된 곳에 모여서 물건을 만드는 '공장'이라는 곳이 탄생하게 된다. 이 공장이 어떻게 인류의 삶과 사회에 영향을 미쳐 왔고 또 앞으로 어떤 모습으로 변화될 것인가에 대한 조슈아 프리먼(Joshua B. Freeman)의 탁월한 역사서인 『더 팩토리(*Behemoth: A History of the Factory and the Making of the Modern World*)』는 공장의 탄생을 묘사하는 다음 문장으로 시작된다. "1721년 올

그림 7-2. 더웬트 계곡 방적 공장.[7-3]

세인츠 성당 근처였다. 요즘 우리가 말하는 의미에서 제대로 구색을 갖춘 공장이 영국 더비의 더웬트 강에 있는 섬에 세워졌다."

공장의 탄생을 알린 1721년의 공장은 존 롬브(John Lombe)와 토머스 롬브(Thomas Lombe) 형제가 지은 견직물 공장이었는데, 이 공장에는 이탈리아의 설계를 기본으로 만든 명주실을 꼬는 기계가 있었고 생산량과 고용된 노동자 수는 전례가 없었다고 한다. 이후 1771년에 리처드 아크라이트(Richard Arkwright)가 크롬퍼드에 수력으로 구동되는 방적 공장을 세우면서 방적기나 방직기 기계를 이용한 섬유 산업을 중심으로 근대적 의미의 공장이 자리를 잡았으며 이후 다른 산업으로 빠르게 확산했다. 두 세기의 세월이 지나 1962년 팝아트의 창시자 앤디 워홀(Andy Warhol)이 자신의 작업실을 공장(The Factory)이라고 명명한 것을 보면, 여러 사람이 모여서 물건을 만든다는 공장의 개념은 현대에 이르러 일반 상품뿐만이 아니라 예술 작품을 만드는 개념까지 아우르게 되었음을 흥미롭게 시사한다.

가내 수공업 체제와는 다르게 공장에서는 여러 작업자가 기계 앞에 모여 동일한 제품을 한꺼번에 여러 개를 만들고 있었으며, 이러한 생산 체제를 '대량 생산 체제'라고 부른다. 사실 산업 혁명이 무엇인가라는 질문에 대해서 역사적으로 다양한 관점에서 설명할 수 있겠지만, 산업공학의 입장에서는 산업 혁명이란 대량 생산 체제라는 유례가 없었던 새로운 생산 방식을 인류에게 처음으로 가져다준 사건이라 할 수 있다. 이러한 대량 생산 체제에서는 경제학의 아버지 애덤 스미스(Adam Smith)가 『국부론(*The Wealth of Nations*)』에서 주장한 노동의 분업화를 통해서 작업자들이 단순한 작업을 반복해서 수행하게 되었다. 그런데 단순 작업의 반복 수행 과정에서 빠르게 많은 물건을 만들어 내기 위해서는 작업자들의 작업 능력이 동일한 수준이어야 했고, 기왕이면 모든 작업자가 생산성이 높은 작업자의 방법으로 작업을 할 수 있으면 좋겠다고 생각하게 되었다. 즉 대량 생산 체제에서 높은 생산성을 위해서는 가내 수공업 시대에 인간의 노동에 대해 가졌던 생각에 무언가 혁신적인 변화가 필요하게 된 것이다.

개똥이 아빠도 짚신 10켤레 만들기: 과학적 관리의 탄생

인류가 새롭게 경험하는 공장에서의 대량 생산 체제가 출현하면서, 우수한 작업자의 작업 방식을 과학적으로 분석하고 그 방식을 다른 작업자들에게 대한 교육 및 학습을 통해 생산성을 높일 수 있다는, 당시로서는 매우 혁신적인 생각을 한 사람이 나타나는데 그가 바로 산업공학의 아버지로 불리는 프레더릭 테일러(Frederick W. Taylor)다. 테일러는 1909년『과학적 관리의 원칙(*The Principles of Scientific Management*)』에서 인류 최초로 인간의 '노동'도 관리가 가능하다는 사실을 실증한다. 그리고 인간의 노동을 체계적으로 관리하기 위한 일반적인 방법을 제시하고, 관리하는 과정에서 나타날 수 있는 부작용들을 열거하면서 그러한 부작용을 해결할 방법까지 제시하고 있다.

그러면 20세기 초 당시까지는 타고난 재주로만 인식되었던 인간의 노동을 생산성을 높이기 위해 어떻게 체계적으로 관리를 할 수 있다는 것인가? 그 방법은 일을 가장 잘하는 사람을 찾아 어떻게 잘하는지를 분석하고 그 일하는 방법을 다른 사람들도 따를 수 있게 가르치고 연습시키면 된다는 것이다. 즉 하룻밤에 짚신 열 켤레를 만드는 순이 아빠의 짚신 만드는 방법을 잘 관찰하면 다섯 켤레밖에 못 만드는 개똥이 아빠의 방법과는 무언가 다른 방법을 발견할 수 있을 것이고, 그러한 순이 아빠의 방법을 개똥이 아빠에게 차근차근 설명하고 그대로 따라 할 수 있게 연습을 시키면 어느 순간 개똥이 아빠도 하룻밤 사이에 열 켤레를 만들 수 있다는 것이다! 사실 테일러가 '과학적 관리'라는 거창한 이름으로 제시하고 있는 이 원칙을 현재의 시점으로 보면 너무나 간단하고 상식적이어서 좀 허탈하기까지 하다는 사람도 있을 것이다.

　테일러는 이렇게 단순해 보이는 방법을 동원하면 얼마나 놀라운 생산성 향상을 가져올 수 있는지를 구체적인 사례를 통해 실증적으로 보여 줌으로써 자신의 주장에 설득력을 높이고 있다. 예를 들어 선철 운반 작업의 경우 어떤 작업자 그룹이 하루에 한 사람당 약 12.5톤의 선철을 화차에 적재하던 것을 자신의 과학적 관리 원칙을 적용해 하루 47톤까지 운반할 수 있는 일류의 작업자로 변신시켰다고 적고 있다. 또 다른 예로는 삽질 작업이 있는데, 기존에 400~600명의 작업자가 석탄 16톤을 나르던 작업을 과학적 관리 원칙을 적용한 결과 불과 140명의 작업자로 석탄 59톤을 나를 수 있게 만들었다고 한다. 한편 테일러는 생산성을 향상하는 과정에서 노동량이 늘어나면 피로도가 쌓이며 작업자들의 불만이 늘어날 수 있다는 현실에도 주목하면서 과학적 관리 원칙을 적용한 새로운 작업 방식에는 반드시 충분한 휴식 시간을 보장했으며 또한 작업자들의 수입도 60퍼센트 이상 인상되는 효과가 있었다고 설명하고 있다. 결과적으로 테일러는 자신이 주창하는 과학적 관리의 성공을 위해서는 노사 간 진정한 협력 및 공평한 보상 배분을 위한 노력이 매우 중요한 요소임을 강조하는 것도 잊지 않았다.

이와 같이 노동에 대한 과학적인 관리를 통해서 생산성 향상을 성취하기 위해서는 모범적인 작업 방법에 대한 체계적인 분석이 우선 이루어져야 함을 알 수 있다. 프랭크 길브레스(Frank Gilbreth)와 릴리언 길브레스(Lillian Gilbreth) 부부는 인간의 작업 방법에 대한 체계적인 분석을 위해 인간의 동작을 체계적으로 분류하고 각각의 행동을 수행하는 표준적인 시간을 측정하는 연구를 수행했다. 특히 길브레스 부부는 인류의 직종 중 가장 오래된 것 중의 하나로서, 작업의 방법 및 도구에 있어서 거의 어떠한 진보도 없었던 벽돌 쌓기 작업을 사례로 자신들의 동작 시간 연구(motion and time study) 방법을 적용해 벽돌을 쌓는 작업 동작을 18개 동작에서 5개 동작으로 줄일 수 있었고, 비계 및 팔렛과 같은 새로운 보조 작업 도구를 개발해 작업에 적용했다. 그 결과 기존의 방법으로는 시간당 120개를 쌓을 수 있었던 데 반해 새로운 작업 방법으로는 시간당 평균 350개까지 쌓을 수 있었다는 연구 결과를 발표했다. 테일러의 과학적 관리와 길브레스 부부의 동작 시간 연구는 당시 혁신적인 개념의 작업 관리를 통해 대량 생산 체제에서의 생산성 향상 노력을 촉발하는 기폭제 역할을 했다.

회전초밥 아이디어의 기원: 컨베이어 벨트와 포디즘

1970년 일본 오사카 만국 박람회에 출품된 작품 중에서 큰 주목을 받은 아이템 중의 하나가 회전초밥 시스템이다. 가격에 따라 색깔이 다른 여러 종류의 초밥을 얹은 접시들이 컨베이어 벨트 위에서 자동으로 이동하고 본인이 원하는 접시가 앞을 지나갈 때 손님이 스스로 집어 올려서 먹는다는 특유의 기막힌 아이디어에 당시 많은 사람이 놀랐다. 사실 회전초밥은 1958년 일본 오사카에서 시라이시 요시아키(白石義明)가 운영하던 식당 겐로쿠 스시에서 처음 선보였는데, 당시 시라이시 요시아키는 맥주 공장의 컨베이어 벨트에서 아이디어를 얻어 고안했다고 했다. 회전초밥의 도입은 초밥을 더 저렴하고 빠르게 제공할 수 있게 해 일본 외식 산업의 성장에 중요한 역할을 했다고 평가받고 있다. 그렇다면 초밥집에까지 적용된 컨베이어 벨트의 기원은 어디에서 찾을 수 있을까?

테일러의 과학적 관리와 길브레스 부부의 동작 시간 연구 아이디어를 본격적인 대량 생산 시스템에 적용한 것이 자동차 회사 포드의 생산 시스템이다. 포드 생산 시스템의 혁신성은 컨베이어 벨트를 물건을 만드는 생산 공정에 활용한 데서 그 핵심을 찾을 수 있다. 포드의 창업자 헨리 포드(Henry Ford)는 110여 년 전인 1913년 자동차 제조 공정에 처음으로 컨베이어 벨트 시스템을 도입했다. 이 시스템은 자동차 조립 과정에서 작업자와 부품이 이동

그림 7-3. 회전초밥 컨베이어 벨트.[7-4]

그림 7-4. 영화「모던 타임즈」의 한 장면.[7-5]

할 필요 없이 컨베이어 벨트가 부품을 자동으로 다음 작업 공정으로 이동시키는 방식으로 설계되었으며, 이를 통해 생산 시간과 비용을 크게 절감할 수 있었다. 컨베이어 시스템을 기반으로 하는 근대적 대량 생산 시스템은 당시 생산성의 비약적인 향상이라는 긍정적인 측면과 함께, 다른 한편으로는 작업자를 노동으로부터 소외시키는 비인간적인 생산 체제라는 부정적인 측면이 양립하면서 많은 논란을 불러일으켰다. 이런 내용을 풍자한 찰리 채플린(Charlie Chaplin)의 영화 「모던 타임즈(Modern Times)」가 큰 주목을 받기도 했다.

포드 생산 시스템을 통해서 실제로 1914년에는 세계 최초로 대중적인 승용차 모델이 된 모델 T 자동차의 조립 시간이 12시간에서 약 90분으로 단축되었고 생산량은 연간 7만~8만 대로 비약적으로 증가했다. 또한 이러한 혁신적인 생산 방식은 모델 T의 가격을 290달러까지 낮추어 자동차를 중산층이 구입 가능한 가격대로 보급해 당시 미국에서 마이카 시대를 여는 데 결정적인 기여를 했다. 나중에 산업공학자들에 의해 포드의 컨베이어 벨트 생산 시스템은 포디즘(Fordism)이라는 생산 철학적 개념으로 발전되었으며, 단순히 자동차 산업에 국한되지 않고 산업 전반의 패러다임을 바꾸는 근대 생산 시스템의 근간으로 자리잡게 되었다. 또한 포디즘의 정신을 현대적 관점에서 계승, 발전시킨 기업이 일본의 자동차 회사 도요타라고 할 수 있는데, 도요타 생산 시스템은 JIT(Justin-Time), 칸반(Kanban), 카이젠(Kaizen), 푸쉬 앤드 풀(Push and Pull) 시스템 등의 개념과 함께 효율적인 현대적 생산 시스템의 대명사로서 1980년대와 1990년대를 풍미했다.

미래 스마트 공장과 테일러와 포디즘

지멘스 모빌리티(Siemens Mobility)는 2017년부터 RPA(Robot Process Automation)를 도입해 현재 700개 이상의 프로세스 자동화에 성공했으며, 업무 효율성을 높이고 직원들이 더 가치 있는 업무에 집중할 수 있도록 지원하고 있다.

글로벌 항공기 제조사 보잉(Boeing)은 2020년 미국 내 공장의 3D 프린팅 기술 도입으로 부품 수를 최소화하고 디지털 트윈 기술로 실시간 공장 생산 공정을 감시하면서 공정 최적화 방안을 시뮬레이션하면서 생산성을 최대 50퍼센트 끌어올렸다

스웨덴의 글로벌 통신 장비 회사인 에릭슨(Ericsson)은 에스토니아 공장에 5G 이동 통신, AGV, 증강 현실(augmented reality, AR) 기술, 환경 센서 등을 적용해 배송 시간 단축과 손상 위험 감소, 부품 품질관리 프로세스의 문제를 해결할 수 있었다.

LS일렉트릭은 2021년 세계경제포럼(WEF)에 의해 세계 제조업의 미래를 선도한다는 취지의 등대 공장(Lighthouse Factory)에 선정됐다. 이 회사는 이미 지난 2015년부터 청주 공장을 스마트 공

장으로 전환한 바 있는데, 모든 공정을 로봇이 수행하고, IoT, AI, 빅데이터 기술 등을 접목함으로써 생산량이 160퍼센트 증가했다. 또한 에너지 사용량을 60퍼센트 절감하고 불량률도 100만 개당 7개 수준으로 감소시켰다.

최근 국내외 유수 기업들의 새로운 생산 시스템에 대한 움직임과 관련된 기사들을 훑어보면 전 세계의 기업들은 AI, IoT, 디지털 트윈, AGV, RPA 등 첨단 기술들을 생산 시스템에 적용해 미래의 스마트 공장을 구축하기 위해 열심히 달려가고 있다. 미래의 스마트 공장은 AI와 로봇 기술, IoT를 중심으로 완전히 자동화된 첨단 환경에서 운영될 것이며, 실시간 데이터 분석과 최적화를 통해 생산성을 극대화할 것이다. 미래의 공장에서 로봇은 생산부터 품질 검사까지 다양한 작업을 수행하며 AI 기반 알고리듬으로 스스로 문제를 해결하고 작업을 계획할 수 있게 될 것이다. 미래 로봇은 인간과 협력하기 위해 설계된 코봇(Cobot) 형태로, 사람과의 안전한 상호 작용이 가능하도록 설계될 것이다. 미래의 스마트 공장에서 인간의 역할은 테일러의 과학적 관리의 대상이었던 모습과 완전히 다른 모습으로 변모되어 있을 것이다. 미래의 공장에서의 인간은 더 이상 육체 노동을 통해서 단순한 작업을 반복적으로 수행하는 것이 아니라 창의적이고 전략적인 업무에 집중하며 로봇과 AI를 관리하는 역할을 통해 기술과 협력이 강조된 새로운 산업 생태계를 형성하게 될 것이다.

그렇다면 대량 생산 체제에서 놀라운 생산성 향상을 가져온 테일러의 과학적 관리와 포디즘으로 대표되는 효율성을 추구하는 산업공학적 정신은 미래 스마트 공장에서는 더 이상 의미가 없이 단지 과거의 유산으로만 남게 되는 것일까? 절대로 그렇지 않다.

미래의 AI 기술을 기반으로 하는 스마트 공장에서도 과학적 관리의 원칙은 여전히 중요한 기반으로 작용할 것이다. 미래의 공장에서 표준화된 데이터와 프로세스를 통해 자동화와 효율성을 극대화하는 것은 과학적 관리의 대상이 100여 년 전에는 인간의 노동에서 미래에는 디지털 자원의 프로세스로 바뀌어도 기본 이념은 맥을 같이하고 있는 것이다. 또한 100여 년 전의 포디즘이 물리적 컨베이어 벨트를 통해 생산성 향상을 추구했다면 미래의 공장에서 AI가 생산 공정을 실시간으로 분석하고 데이터 기반 최적화 의사 결정을 통해 생산성 극대화를 추구하는 것을 어쩌면 디지털 컨베이어 벨트의 구축으로 해석할 수 있지 않을까? 그리고 미래의 스마트 공장에서 IoT, 클라우드 컴퓨팅, AI 등의 기술을 활용해 생산 라인의 모든 데이터를 연결하고 관리하려고 하는 것은 100여 년 전 포디즘에서 강조했던 표준화와 작업 흐름의 최적화를 디지털 환경으로 확장한 것에 불과한 것 아닐까?

100여 년 전 산업공학의 탄생을 만든 테일러의 과학적 관리 원칙과 포디즘의 정신은 첨단 기술을 바탕으로 하는 미래의 스마트 공장에서도 여전히 유효할 것이다. 더 나아가 미래의 스마트

생산 시스템은 테일러와 포디즘의 정신을 발전시켜 인간의 창의
성을 중심으로 인간과 기계 간의 조화로운 협업이 이루어지는 효
율적이고 지속 가능한 생산 시스템으로 진화할 것으로 확신한다.

이덕주(서울대학교 산업공학과 교수)

8 | 데이터로 읽는 기술의 미래

기술과 시장 변화에 대비하는 미래 예측

우리는 언제나 미래를 궁금해한다. 스마트폰은 얼마나 더 발전해 있을까? 로봇은 일상에서 어떤 역할을 하게 될까? 미래에 대한 호기심과 예측의 욕구는 인류가 아주 오래전부터 가져온 본능 중 하나다. 고대 문명에서도 이러한 열망은 여러 형태로 나타났다. 점성술에서는 천체의 움직임을 통해 자연의 변화와 인간의 운명을 예측하려 했다. 고대 중국에서는 주역을 활용해 개인의 운명과 미래를 해석하고자 했다.

미래 예측은 개인의 호기심을 넘어 기업의 성공과 생존에도 중요한 요소로 작용한다. 기업은 미래의 기술과 시장 변화를 예측함으로써 경쟁력을 유지하고 새로운 기회를 선점할 수 있기 때문이다. 그러나 기술과 시장의 변화를 정확히 예측하는 것은 쉬운 일이 아니다. 예측의 범위가 넓고 변화의 속도가 빠르기 때문이다. 산업 내 어떠한 신기술이 개발되고 어떠한 신제품이 출시 예정인지 알 수 있다면 도움이 되겠지만, 이러한 정보는 기업 내 비밀로 유지되어 좀처럼 드러나지 않는다.

기술 혁신의 나침반, 특허

그러나 기업의 핵심 기밀인 기술 정보가 유일하게 공개되는 곳이 있다. 바로 특허다. 특허는 기술을 공개하는 대가로, 출원 후 최대 20년 동안 해당 기술에 대한 독점권을 부여한다. 특허청에 따르면 특허 제도는 "발명을 보호·장려함으로써 국가 산업의 발전을 도모하기 위한 제도이며(특허법 제1조) 이를 달성하기 위해 「기술 공개의 대가로 특허권을 부여」하는 것을 구체적인 수단으로 사용"한다고 설명되어 있다. 특허 제도는 공개된 기술을 기반으로 더 진보된 기술 개발을 지원함으로써 기술 혁신을 촉진하는 동시에, 발명자에게 독점권을 부여해 기술 개발에 대한 강력한 동기를 제공한다. 이를 통해 특허는 개인과 사회 모두에게 이익을 제공하는 중요한 역할을 하는 것이다.

최초의 특허법은 1474년, 북부 이탈리아 도시 국가 베네치아에서 모직물 공업의 발전을 위해 발명 보호를 목적으로 제정된 것이라 알려져 있다. 현대의 특허법은 1624년 영국의 전매 조례에서 유래하며, 이 법은 기존의 불공정한 독점권(전매권)은 제한하고 새로운 발명에 대해서만 예외적으로 독점권을 부여함으로써 발명을 장려하고 공공의 이익을 해치는 행위를 방지하려는 목적이다.

특허 제도는 산업 혁명 시대 영국을 중심으로 산업화 촉진에 기여한다. 제임스 하그리브스(James Hargreaves)는 1764년에 방적기 스피닝 제니(Spinning Jenny)를 발명해 1770년 특허권을 받았다. 제임스 와트(James Watt)는 1769년 산업적 활용이 가능한 증기 기관을 개발했으며 1769년 관련 특허를 출원했다. 특허는 이러한 기술의 상용화를 촉진하고 다양한 산업에서 해당 기술이 널리 활용될 수 있는 계기를 마련했다. 우리나라에서는 1908년에 특허령이 공표되며 특허 제도가 시작되었다. 1946년에는 특허원이 창립되었고, 특허법이 제정되어 특허 제도의 법적 근거가 확립되었다. 또한 1977년에 특허청이 개청되며 특허 행정이 더욱 체계화되었다.

그러나 모든 기술이 특허권을 받을 수 있는 것은 아니다. 지금까지 세상에 존재하지 않았으며 기존 기술보다 충분히 진보한 기술이면서 상업화될 수 있는 기술에만 특허권이 부여된다. 즉 특허를 보면 어떤 새로운 기술이 누구에 의해 현재 탄생하고 있는지 알 수 있다. 실제 특허 데이터에는 최신 기술의 90퍼센트 이상에 대한 정보가 담겨 있으며 새로운 과학 기술 지식의 80퍼센트는 특

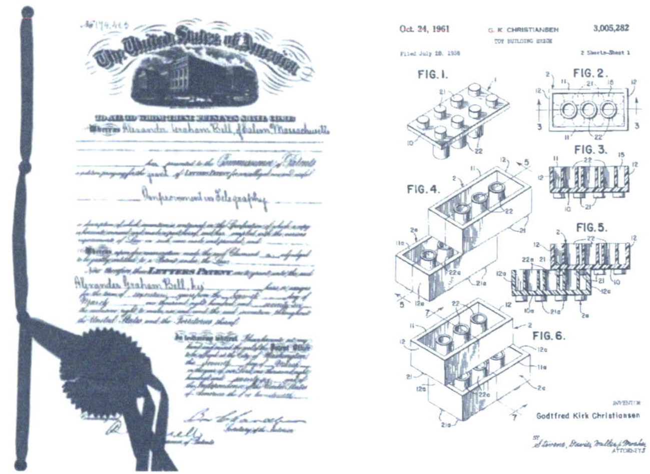

그림 8-1. 벨의 전화기 특허(좌)[8-2]와 레고 블록 특허(우).[8-3]

허에서만 나타난다는 연구도 있다.[8-1] 실제로 펀치 카드, TV, 제트 엔진과 같은 세상을 바꾼 수많은 혁신 기술들은 특허 문헌에 처음 등장한 이후 10년 이상이 지나서야 특허 외 문헌에서 비로소 언급되기 시작했다.

기술 인텔리전스의 원천, 특허 분석

2023년, 미국에 출원된 특허 건수는 무려 42만여 건에 달한다.[8-4] 같은 해, 한국인이 세계 5개국(미국, 일본, 중국, 유럽, 한국)에 출원한 특허 건수는 27.5만여 건에 이르렀다. 특허 문서는 종종 수백 페이지에 달하며, 수백 개의 권리를 주장하는 내용을 포함하기도 한다. 매년 이렇게 방대한 특허가 출원되는데, 이를 모두 검토하며 기술 동향을 파악하는 일은 사실상 불가능에 가깝다. 따라서 특허 데이터를 체계적으로 분석하기 위한 효과적인 방법이 필요해졌으며, 1968년 일본 특허청에서 최초로 특허 지도(특허맵)를 작성한다. 지금은 전 세계적으로 국가 연구 개발 사업뿐만 아니라 개별 기업의 기술 개발 과정에서도 특허 분석을 통해 기술 및 경쟁사의 동향을 파악하는 것이 필수로 자리 잡고 있다.

특허 지도는 특허 문서에 담긴 데이터를 분석해 시각적으로 표현한 결과물로, 특허 문서에는 크게 세 가지 유형의 정보가 담겨 있다. 첫째, 서지 사항(bibliometric information) 정보다. 특허가 언제 출원되었는지, 누가 이 기술을 개발했으며 어떤 기술 분야에 해당하는 정보인지, 누가 특허권을 가졌는지, 어떤 선행 기술을 참고해 기술 개발이 이루어졌는지 등이 일정한 형식과 체계에 따라 작성되어 있다. 둘째, 기술 사항(descriptive information) 정보다. 기술 사항은 특허의 명칭, 특허의 요약, 기술 개발의 배경과 해결하는 문제, 개발된 기술의 적용 사례, 특허에서 주장하는 권리의 내용 등 특허 발명에 대한 기술적 특성이 텍스트 형태로 상세히 서술되어 있다. 셋째, 도면(image) 정보다. 특허 발명에 대한 이해를 돕기 위해 특허 문서에는 흐름도, 관계도, 구조도, 3D 도면, 회로도,

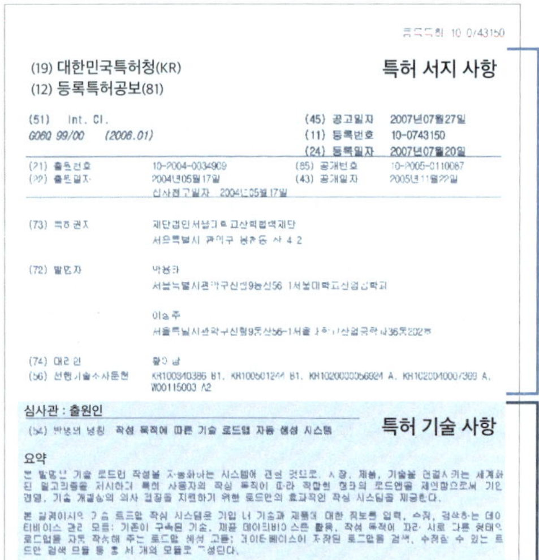

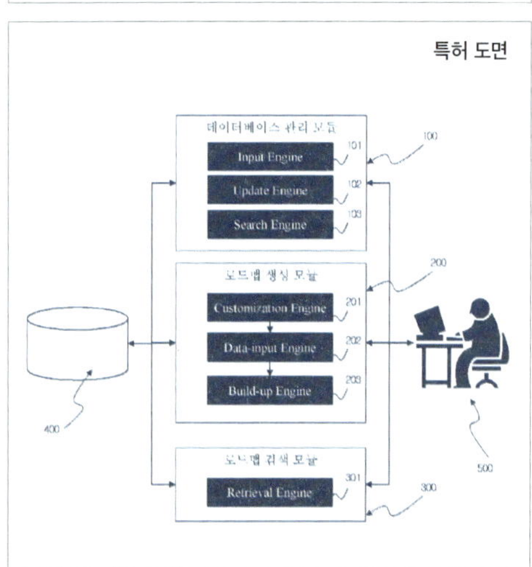

그림 8-2. 특허 정보의 유형: 서지 정보, 기술 정보, 도면 정보.

화학식 등 다양한 형태의 도면이 사용되고 있다. 이러한 도면에는 발명의 구조와 기능, 원리, 작동 방식이 시각적으로 표현되어 요약 정보로서 역할을 한다.

특허 분석을 통해 어떠한 의사 결정을 지원해 줄 수 있을까?

특허 지도는 주로 세 가지 유형의 의사 결정을 돕는다. 첫째, 경영 관련 의사 결정이다. 이를 위해 경쟁사의 동향 파악, 신제품 개발 동향 분석, 기술의 새로운 활용 분야 탐색, 그리고 관심 기술을 보유한 주체(대학, 기업, 연구소, 기술 개발자 등)의 파악 등을 위해 특허 지도가 작성될 수 있다. 특허 지도를 통해 경쟁사의 보유 기술을 파악할 수 있다면 시장의 경쟁 상황과 자사의 기술 강점 및 약점을 이해하는 데 도움이 될 것이다. 또한 자사가 필요로 하는 기술을 보유한 기관을 찾아 연구 개발 협력을 추진하거나, 인수 합병, 기술 공유 및 라이센싱 기회를 모색할 수도 있다.

둘째, 연구 개발 관련 의사 결정이다. 이를 위해 연구 개발 동향 파악, 연구 개발 주제 탐색, 그리고 충분한 개발이 이루어지지 않은 공백 기술의 발견 등을 목적으로 하는 특허 지도가 작성될 수 있다. 특정 기술 분야에서 어떤 기술이 집중적으로 개발되고 있고 어떤 기술의 개발이 미비한지 파악하면 연구 개발 전략 수립에 큰 도움이 될 것이다. 또한 기술 발전 흐름을 파악하고 미래 기술의 방향을 예측하는 데도 유용하다.

마지막으로, 특허 분쟁 관련 의사 결정이다. 이를 위해 특정 기술 분야에서 어떤 특허권이 존재하는지, 자사에서 개발하려는 제품이나 기술이 타사의 특허권 범위를 침해하지 않는지 등을 확인할 수 있다. 만약 특허 침해가 예상된다면 유사한 기능을 수행하면서 다른 기술적 원리를 사용하는 회피 기술을 개발할 필요가 있을 것이다.

다양한 분야에서 사업을 운영하는 글로벌 기업의 경우 자사에서 어떤 기술이 개발되고 있는지를 모니터링하기 위한 용도로도 특허 지도가 활용된다. 예를 들어 일본의 히타치 제작소(Hitachi, Ltd.)는 전자, 중공업, 에너지 등 다양한 사업 분야에서 약 1,100개의 그룹사를 보유하고 있는 다국적 기업이다. 이 회사에서는 그룹사별로 보유하고 있는 기술을 파악해 중복 투자를 방지하고 특허 분쟁 시 그룹 차원에서 대응하고자 특허 지도를 작성한 바 있다. 실제 한 연구에 따르면 특허 정보의 활용은 연구 개발 기간을 21.2퍼센트, 연구 개발 비용을 11.2퍼센트 절감해 주는 것으로 나타났다. 라벨과 패키징 사업의 선두 주자인 에이버리 데니슨 코퍼레이션(Avery Dennison Corporation)의 부사장 폴 거머래드(Paul Germeraad)는 기업이 특허 정보를 활용하지 않은 것을 "마치 지도가 없는 상태에서 회사의 미래를 향해 눈을 감고 항해하려는 것과 같다."라고 표현하기도 했다.

최근 AI 기술의 발전과 함께 특허 분석 방법론 또한 급격히 진화하고 있다. 특허 분석의 발전 과정을 살펴보면 크게 3세대로 구분할 수 있다.

1세대 특허 분석, 서지 사항의 분석

1세대 특허 분석은 주로 특허 정보의 서지 사항 분석에 초점을 맞췄다. 예를 들어 로봇 분야 기업들이 어떤 기술 분야에 집중해 연구 개발을 추진하고 있는지 알고 싶다고 가정해 보자. 이때 가장 간단한 분석 방법은 로봇 기술을 인지, 제어, 소프트웨어, 동력원, 외부 재료, 액추에이터 등으로 세분화하고 연도별, 기업별, 세부 기술 분야별 특허 출원 건수를 시각적으로 표현하는 것이다.

또한 특허 분석 결과는 해석을 돕기 위해 다양한 지표로 표현되기도 한다. 예를 들어 특정 기업이 세부 기술 분야에 얼마나 집중하고 있는지를 확인하기 위해 상대적 기술 우위(Revealed Technology Advantage, RTA) 지표를 활용할 수 있다. 로봇 분야 전체에서 제어 기술 특허 비중이 10퍼센트인 반면 A 기업이 보유한 로봇 분야 전체 특허에서 제어 기술 특허 비중이 30퍼센트라면, A 기업은 제어 기술 분야에 높은 집중도를 보이고 있음을 의미한다. 이러한 지표는 특허 지도의 가치를 한층 더 높이는 데 기여한다.

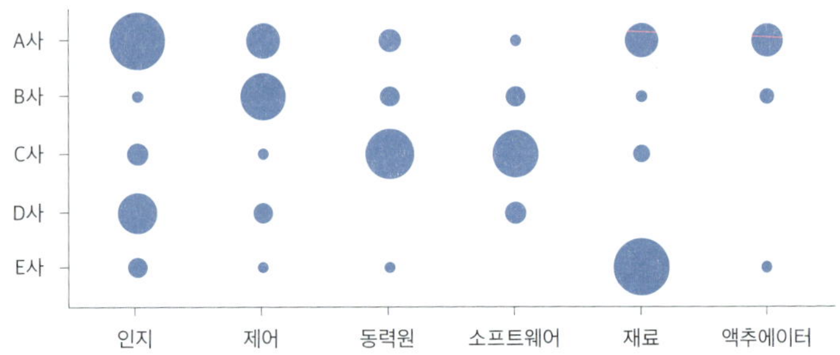

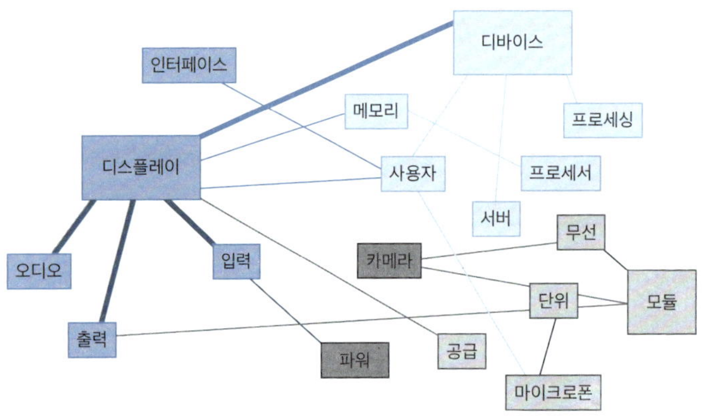

그림 8-3. 1세대(서지 사항 분석, 위)와 2세대(기술 사항 분석, 아래) 특허 지도 사례.

$$RTA_{ij} = \frac{\text{기업 } j\text{의 분야 } i\text{의 특허 출원 건수/기업 } j\text{의 전체 특허 출원 건수}}{\text{분야 } i\text{의 특허 출원 건수/전체 특허 출원 건수}}$$

특허 서지 사항 중 특히 중요한 정보 중 하나는 인용 정보다. 대부분의 새로운 기술은 기존의 선행 기술을 기반으로 개발된다. 특허 문서에는 해당 발명을 창출하기 위해 참고한 선행 기술 정보, 즉 인용 정보가 포함되어 있다. 논문서 참고 문헌을 기재하는 것과 같은 방식이다. 가치 있는 기술은 후속 기술에 많이 참고되므로 인용 정보는 특허의 원천성이나 가치를 평가하는 데 활용된다. 유사한 기술은 유사한 참고 문헌 리스트를 가질 가능성이 크므로 특허 유사성 평가에도 활용된다. 국가 간, 산업 간, 기업 간 지식의 흐름을 파악하는 데 유용하다. 정보 통신 분야 특허들과 바이오 분야 특허들의 인용이 활발해지면 그 두 분야가 긴밀해진다고 해석할 수 있다.

2세대 특허 분석, 기술 사항의 분석

2000년대 초반 자연어 처리 기술(national language processing, NLP)이 발전하며 특허 문서의 텍스트가 분석되기 시작했다. 처음에는 특허 문서의 키워드를 추출했다. 그러나 키워드만으로는 기술 내용을 정확히 파악하기 힘들었기 때문에 문장 안에서 단어들의 관계에 관심을 갖게 된다. 즉 문장 안에서 주어, 동사, 목적어 등 단어의 역할을 파악해 기술적 내용을 해석하려는 것이다. 예를 들어 특허 문서의 요약문에 "본 특허 발명은 촉매 효율을 높이기 위해 탄소 고리에 화학 작용기를 붙인다."라는 문장이 있다면, To 부정사 혹은 동명사로 나타나는 "촉매 효율을 높이기 위해"는 기술의 목적, 동사와 목적어로 구성된 "화학 작용기를 붙인다."가 기술의 원리가 되어 특허 발명에 대해 더 정확한 정보를 파악할 수 있게 된다.

이후에는 문서에서 주요 주제(토픽)를 자동으로 추출하고 분류하는 기법, 단어를 고정 길이의 벡터로 변환해 단어 간 의미적 유사도를 수치화하고 분석하는 기법 등이 특허 문서에 적용되며 특허 기술 사항에 대한 분석이 본격화되고 있다. 특히 최근에는 딥러닝을 통해 언어의 패턴과 구조를 학습해 자연어 생성, 이해, 번역 등 다양한 언어 처리 작업을 수행하는 거대 언어 모델을 통해 특허 문서의 요약, 유사도 평가 등의 업무 효율이 크게 향상되고 있다.

3세대 특허 분석, 예측과 통합

AI의 본격적인 도입으로 최근 특허 분석의 방향은 크게 세 가지로 요약할 수 있다. 첫째, 2세대 특허 분석의 연장선에서 과거에 분석이 어려웠던 비정형 데이터에 초점을 맞춘 연구가 활발히 진행되고 있다. 예를 들어 기존의 텍스트 데이터뿐만 아니라 기술 특성을 설명하는 표 데이터, 화학식이나 제품 구조도를 나타내는 이미지 데이터 등이 본격적으로 분석되고, 이를 기반으로 기술 정보를 추출하는 것이다.

둘째, 특허 분석을 통해 미래를 예측하려는 시도가 지속된다. 기존의 특허 분석은 주로 과거의 동향을 파악하는 데 초점을 맞춰왔다. 그러나 최근에는 미래 유망 기술을 파악하거나 미래 융합 기술을 도출하는 등 특허 분석이 예측 중심으로 발전하고 있다. 예를 들어 특허 출원 후 5년이 되는 시점에서 해당 특허가 후속 기술에 얼마나 인용될지, 즉 후속 기술에 미칠 파급력이 어느 정도일지를 예측하는 것이 대표적이다. 현재의 기술 진화(융합) 추세가 지속되었을 때 5년 뒤 기술 진화(융합)는 어떻게 진행되고 있을지 예측하는 것이 또 다른 예가 될 수 있다. 이러한 분석 과정에서는 기술 전문가와의 협업을 통해 전문가 의견을 반영할 수 있는 예측 방법론도 제안되고 있다.

마지막으로, 특허 데이터를 기술 및 시장 분석을 지원하는 다양한 데이터와 결합해 분석하고 있다. 예를 들어 논문 데이터와 특허 데이터를 비교 분석하면 상업화가 아직 활발하지 않은 분야를 발견할 수 있다. 이는 논문이 주로 기초 연구에 대한 정보를, 특허가 주로 개발 연구에 대한 정보를 담고 있기 때문이다. 또한 특허 데이터와 상표 데이터를 결합하면 기업의 기술 동향뿐 아니라 사업 동향도 파악할 수 있다. 이를 통해 기업이 어떤 기술을 활용해 어떤 사업을 추진하고 있는지 명확히 이해할 수 있다. 특허 데이터와 특정 제품에 대한 유튜브 동영상, 신문 기사, 블로그 데이터를 결합하면 해당 제품과 관련된 현재 시장의 니즈를 파악할 수 있다. 이를 바탕으로 개발 중인 기술이 현재의 시장 니즈를 충분히 충족시킬 수 있는지 평가할 수 있다.

특허 분석의 가치를 높일 새로운 데이터, 상표

특허와 통합되어 활용되는 데이터 중 주목할 만한 것은 상표다. 상표는 출원인이 실제 사업을 추진하는 데 필요한 제품이나 서비스가 보호 대상이므로, 시장 정보를 반영한 산업 분석을 가능하게 하는 중요한 데이터다. 산업 동향과 경쟁 구도 분석에 있어 기술 관점만을 고려하는 특허 분석의 한계를 극복하고, 사업에 대한 직접적인 정보를 제공할 수 있는 것이 바로 상표다. 상표 데이터에는 기업별 목표 제품과 서비스의 현황이 텍스트 형태로 나타나 있다. 한국과 일본의 경우 상표를 관리하기 위한 목적으로 유사한 상품군을 분류한 "유사군 코드"를 두고 있어, 상표 분석을 더 정밀하게 할 수도 있다.

예를 들어 우리나라 가구 산업의 매출 1위 기업의 상표 출원 동향을 살펴보면, 본래의 사업 영역인 가구 상표를 지속해서 출원해 기존 시장에서 제품 다각화를 이루어 있지만 동시에 인테리어 관련 제품, 재료, 가구 부속품 상표와 설치 서비스 상표를 출원해 새로운 시장을 확보하려는 움직임을 추론할 수 있다. 한편 상표에 대한 권리는 10년마다 갱신해야 하므로 갱신이 이루어지지 않는 다면 기업이 그 분야에서 사업을 철수한 것으로 해석한다.

테슬라는 2021년 4월에 레스토랑 등에 관련된 상표를 출원한 이후, 2023년 8월에는 레스토랑과 충전소 건축 승인을 받았고[8-5] 2024년에는 미국 LA의 충전소에 레스토랑과 드라이브 인 영화관을 운영할 계획임을 발표했다.[8-6] 또한 2024년에는 로보버스(Robobus)와 로보택시(Robotaxi) 상표를 미국 특허청에 등록했다.[8-7] 로보버스 상표의 대상 상품 및 서비스는 "육상 차량, 전기 자동차 및 그 구조 부품, 자동차 임대, 운송 및 보관, 승객 및 물품 운송, 여행 일정 조정 등의 서비스"로, 이를 통해 테슬라가 관심을 갖는 상품과 서비스 영역을 파악할 수 있다.

특허와 상표 정보를 통합하면 기업이 보유하고 있는 기술과 사업을 연계한 분석이 가능해진다. 예를 들어 유사한 기술 자산을 보유한 기업들이 진출한 사업 분야를 중심으로 우리 회사가 진출할 수 있는 새로운 사업 분야를 찾아볼 수 있다. 혹은 동일 사업 분야에서 서로 다른 기술 자산을 보유한 기업들과 협업을 통해 시너지를 낼 수도 있다. 따라서 기술 정보만으로는 부족한 사업 정보를 보충함으로써 기술 개발과 관련된 전략적 의사 결정을 보다 효과적으로 지원할 수 있다.

테크 마이닝과 산업공학

기업의 핵심 기밀인 기술 정보가 유일하게 공개되는 특허와, 기업의 신사업 계획이 드러나는 상표를 분석해 산업 및 경쟁사 동향을 파악하는 지식 재산 빅데이터 분석은 최근 더욱 주목받고 있다. 이에 데이터 분석을 통해 기술 관련 주요 정보를 추출하는 새로운 분야인 테크 마이닝(tech mining)이 떠오르고 있다. 테크 마이닝은 특허, 논문 등 기술 데이터 외에도 다양한 데이터를 활용해 기술의 진화 및 경쟁사의 현황을 분석하고, 나아가 미래의 기술 동향을 예측하려는 시도를 의미한다. 산업공학은 복잡한 기술 데이터를 체계적으로 분석하고, 이를 기반으로 전략적 의사 결정을 지원하는 방법론을 개발하는 데 기여함으로써 테크 마이닝의 발전에 핵심적인 역할을 수행하고 있다. 산업공학의 데이터 처리 및 최적화 기법, 모델링 및 시뮬레이션 기법, 의사 결정 지원 기법 등은 앞으로도 테크 마이닝의 주요 기법으로 활용될 것이다.

이성주(서울대학교 산업공학과 교수)

9 | 결혼 피로연과 신문 가판원 이론

#재고 관리

결혼 피로연을 위해 식사를 몇 인분 주문하는 것이 최적일까? 너무 많이 주문하면 식사가 남고 너무 적게 주문하면 식사를 못 하는 하객들이 생기기 때문에 신중한 의사 결정이 필요하다. 이를 위한 체계적 분석 기법인 신문 가판원(newsvendor) 이론을 소개한다.

신문 가판원 문제

신문 가판원 문제는 산업공학의 전통적인 문제 중 하나다. 그 이름이 의미하듯이 신문 가판원이 매일 아침에 판매할 신문의 양을 하루 전날 예측해 주문하는 문제다. 매일 저녁 신문 가판원은 다음 날 아침에 판매할 각 신문의 주문량을 결정해 신문 보급소에 통보한다. 신문 가판원은 과거 판매해 오던 판매 자료나 경험으로 주문량을 결정하지만 신문의 수요를 정확히 예측하기란 불가능한 일이다. 예를 들어 그 전날 스포츠 경기의 결과에 따라 스포츠 신문 판매 부수는 변동할 것이며 그 전날 발생한 국내외 주요 사건에 따라 일반 신문 판매 부수도 상당히 달라질 것이다. 신문은 하루만 지나면 가치가 없어지는 계절적 상품이며 크리스마스카드, 크리스마스트리, 상하기 쉬운 음식 등이 해당된다. 이러한 계절적 상품은 수요보다 많이 주문해서 팔리지 않으면 폐기 처분하거나 싼값에 처분해야 하고, 수요보다 적게 주문하면 팔 수 있는 기회를 놓쳐 추가 이익을 얻을 수 있는 것을 놓치는 상충(trade-off) 상황이 발생하게 된다. 수요보다 많이 주문하게 되면 과잉 재고(overstock)가, 수요보다 적게 주문하게 되면 부족 재고(understock)가 발생한다. 따라서 과잉 재고의 위험과 부족 재고의 위험 간 상충이 발생하며, 이 위험들을 절충할 수 있는 최적 주문량(order quantity)을 결정하는 문제다.

서비스 수준(service level)은 고객의 수요를 얼마나 충족시킬 수 있는지에 대한 지표로, 주로 재고 부족을 방지하는 목표로 정의된다. 예를 들어 서비스 수준이 95퍼센트라면 95퍼센트 고객의 수요를 적시에 충족시킬 수 있는 재고를 준비하는 것을 의미한다. 목표하는 서비스 수준을 달성하기 위해서는 과잉 재고와 부족 재고의 균형을 잘 맞춰야 한다. 이 균형을 맞추는 것이 바로 최적 주문

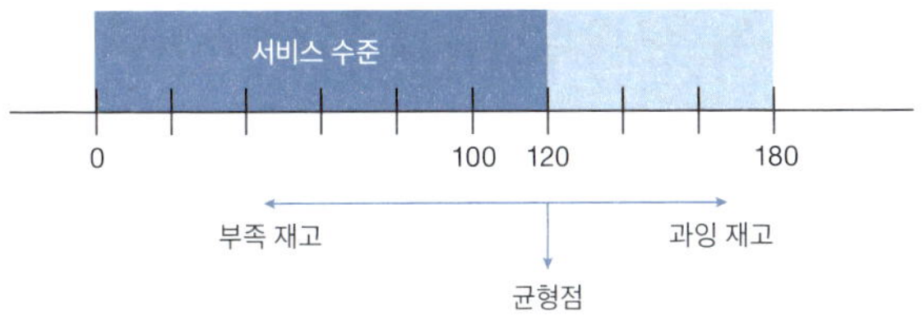

그림 9-1. 서비스 수준에 따른 재고 균형점.

량을 결정하는 핵심이다. 과잉 재고는 저장 비용과 자원의 비효율적 사용을 초래할 수 있고 부족 재고는 매출 손실과 고객 불만을 초래할 수 있어 이 둘의 균형을 잘 맞춰야 한다. 만약 그림 9-1과 같이 창고가 재고를 최대 180개를 보유할 수 있더라도, 180개를 모두 재고로 보유하면 과잉 재고의 위험이 있다. 회사가 목표하는 서비스 수준을 설정하고, 이에 기반해 재고량을 결정해야 한다. 예시에서 목표하는 서비스 수준을 달성하기 위해 필요한 재고량은 120개다.

수요가 예측한 것보다 많이 발생한다고 해 추가 주문하기에는 판매 기간이 짧아서 현실적으로 불가능하게 된다. 이 문제의 가장 중요한 정보는 수요에 대한 예측이다. 실제로 신문 가판원이 다음에 살펴볼 체계적인 방법을 적용하지는 않겠지만, 세계 제일의 카드 제조 회사인 홀마크(Hallmark)에서는 신문 가판원 문제를 응용해 계절마다 몇천만 달러씩 이윤을 올릴 수 있었다는 사례 보고가 저명한 국제 저널 《인터페이스(*Interface*)》(전 세계의 산업 공학, 경영과학, 생산관리 연구자들로 구성된 가장 권위 있는 학회 중 하나인 INFORMS에서 발행하는 《인폼스 저널 온 어플라이드 애널리틱스(*INFORMS Journal on Applied Analytics*)》로 이름이 바뀌었다.)에 발표되었다.

홀마크 사례를 살펴보자. 크리스마스를 대비해 카드를 생산하려고 하는데, 생산 단가는 0.75달러, 판매 단가는 1달러이며, 기간 내 판매하지 못한 카드는 크리스마스가 끝난 직후에 특별 세일을 통해서 0.40달러를 받고 전량 할인 판매할 수 있다고 예측되었다. 수요의 예측치가 표 9-1과 같이 주어졌을 때, 크리스마스에 대비한 홀마크의 최적 생산량을 어떻게 구할 수 있을까? 표 9-1은 생산량에 대해 실제 수요가 발생함에 따른 예상 수익을 보여 준다. 예를 들어 18만 장을 생산했는데 실제 수요가 20만 장이 발생했다면 18만 장 생산량 전부를 1달러에 판매 가능하므로 장당 판매 이익인 0.25달러를 18만 장에 곱한 4만 5000달러가 순이익이 된다. 만일 20만 장을 생산했는데 실제 수요가 19만 장이 발생했다면 19만 장은 1달러에 판매 가능하고, 나머지 1만 장은 0.4달러에 할인 처분하고, 생산비 15만 달러를 빼면 순이익 4만 4000달러를 구할 수 있다. 이와 같이 각 경우에 대해 순이익행렬(payoff matrix)을 먼저 구한다. 다음에 각 수요가 발생할 확률과 그 수요가 발생했을 때의 순이익을 곱해 각각의 생산량에 대한 기대 이익을 구한다. 예를 들어 20만 장을 생산했을 때 기대 이익은 $38,000 \times 0.1$

생산량 수요	180,000장	190,000장	200,000장	210,000장	220,000장	기대 이익
180,000장	$45,000	$45,000	$45,000	$45,000	$45,000	$45,000
190,000장	$41,500	$47,500	$47,500	$47,500	$47,500	$46,900
200,000장	$38,000	$44,000	$50,000	$50,000	$50,000	$47,600
210,000장	$34,500	$40,500	$46,500	$52,500	$52,500	$45,900
220,000장	$31,000	$37,000	$43,000	$49,000	$55,000	$43,000
확률	0.1	0.2	0.4	0.2	0.1	

$+\,\$44,000 \times 0.2 + \$50,000 \times 0.4 + \$50,000 \times 0.2 + \$50,000 \times 0.1 = \$47,600$이 된다. 그러므로 이 경우의 최적 생산량은 20만 장, 기대 이익은 4만 7600달러가 된다.

신문 가판원 문제는 실생활에서 유사하게 응용할 수 있는 다양한 경우들이 있다. 앞에서 예를 들었던 홀마크도 신문 가판원 모형의 대표적인 적용을 보여 준다. 경제 상황 등에 따라서 크리스마스카드 구매량은 변동하게 되며, 수요가 늘어난다고 해도 크리스마스카드의 판매 시즌이 매우 짧아서 재생산해 공급하기는 쉽지 않다. 결혼식 피로연의 음식 주문에도 적용할 수 있다. 혼주는 미리 피로연 참가 하객 수를 예측하지만 하객들이 여러 가지 이유로 피로연에 참석하지 못하는 경우도 많다. 너무 많이 주문하면 참가 하객 수가 적어서 경비를 과다하게 지출할 수도 있고, 너무 적게 주문하면 하객들을 제대로 대접하지 못하는 곤란한 상황이 발생한다. 다음과 같은 다양한 사례에서도 신문 가판원 문제를 적용할 수 있다.

당일 만든 빵을 폐기하는 제과점

소멸성 자산은 시간에 따라 가치를 잃는 자산을 말한다. 과일, 야채, 식품, 의약품이 대표적인 소멸성 자산이며 컴퓨터나 휴대전화처럼 새로운 모델이 출시되면 가치가 하락하는 제품들도 포함된다. 유행에 민감한 의류 역시 계절이 지나면 초기 가격에 판매할 수 없으므로 소멸성 자산에 속한다. 또한 소멸성 자산은 낭비되는 생산, 수송, 저장 용량을 포함할 수 있다. 이용되지 않은 생산 용량은 가치가 없다. 따라서 이용되지 않은 모든 생산 용량은 소멸성 자산에 해당된다. 소멸성 제품을 판매하는 대표적인 소매 업체는 제과점이다. 홍콩에 80개 이상의 매장을 운영하는 제과점 체인 애롬 베이커리(Arome Bakery)는 재고 소진율을 개선해 평균 재고 반품율을 7퍼센트에서 5퍼센트로 개선했지만, 부족한 재고로 인한 인기 제품의 부족은 고객 이탈로 이어질 수 있다. 각 매장은 과거 판매 데이터를 기반으로 재고 주문량을 조정하고 있으며 팔리지 않은 제품은 중앙 공장으로 반품되어 폐기된다. 즉 너무 많이 생산하면 재고가 남아 낭비가 발생하고, 너무 적게 생산하면 고객의 수요를 충족시키지 못해 기회 비용이 발생한다. 이러한 상황에서 애롬 베이커리는 매일 얼마나 많은 빵을 생산할지 결정하기 위해 신문 가판원 모형을 활용해 생산량을 최적화하고 비용을 최소화하면서도 고객의 수요를 최대한 만족시킬 수 있다. 본 사례는 세계적인 경영학 사례 연구집인 2016년 《하버드 비즈니스 리뷰 (*Havard Business Review*)》에 발표되었다.

오버부킹 문제

소멸성 자산의 또 다른 신문 가판원 모형 적용 사례는 항공사에서 정원 이상으로 오버부킹을 받는 것이다. 항공기가 이륙하면 남은 좌석은 모든 가치를 잃는다. 일부 고객은 예약한 비행 시간에 나타나지 않으므로 항공사는 기대 수익을 최대화하기 위해 항공기의 좌석 수보다 많은 항공권을 판매한다. 오버부킹으로 인해 승객이 피해를 보는 사례를 뉴스를 통해서 빈번하게 확인할 수 있다. 최근 미국 최대 항공사인 델타 항공은 한국인 승객을 태우지 않은 채로 운항을 하는 사건이 발생했다. 또한 유명 K팝스타가 예약한 일등석이 일반 좌석으로 강등되는 사례가 나타나기도 했다. 국제 언론 보도에 따르면, 2017년 4월에는 미국 유나이티드 항공(United Airline)은 오버부킹으로 인해 좌석이 부족해 승객을 난폭하게 끌어냈다. 그러나 그는 수술을 집도하기 위해 이동하는 의사였고 해당 영상이 공개된 후 항공사가 1억 4000만 달러의 보상금을 지급하기도 했다.

오버부킹은 고객이 주문을 취소할 수 있으며, 마감 시간이 끝난 후 자산의 가치가 급속히 하락하는 상황에 적합하다. 따라서 항공사뿐만 아니라 여객 철도, 호텔 산업에도 이용되고 있다. 오버부킹과 관련된 의사 결정에서 고려하는 상충 상황은 과도한 주문 취소로 인해 낭비되는 재고 및 재고의 부족으로 인해 발생하는 비용에 있다. 낭비되는 재고의 비용은 재고가 판매되었을 경우 발생하는 수익과 같다. 재고 부족으로 인한 비용은 이를 대체할 수 있는 자원을 가질 때 발생하는 단위당 손실과 같다. 오버부킹의 목표는 낭비되는 재고로 인한 비용과 재고 부족으로 야기되는 비용을 최소화함으로써 수익을 최대화하는 것이다.

수술실 예약

효율적인 수술 스케줄링은 수술실(operating room, OR)의 할당 효율성을 최대화함으로써 최대한 많은 환자를 처리할 수 있어야 한다. 하지만 수술 시간의 불확실성이라는 요소에 의해 효과적인 수술 스케줄을 생성하는 것은 매우 어려운 문제다. 만일 실제 소요 시간보다 짧게 수술실을 예약하면(또는 너무 많은 환자를 허용된 수술실 예약 시간에 할당하면) 스케줄 초과에 따른 비용이 발생하고, 반대로 너무 긴 시간을 할당하면(또는 너무 적은 수의 환자를 허용된 수술실 예약 시간에 할당하면), 수술실의 유휴 시간(idle time)으로 인한 기회 비용이 발생한다. 결국 수술실을 예약할 때(또는 수술 환자 수를 결정할 때) 예약된 수술 시간 초과와 과소 사용 비용을 고려해 신문 가판원 모형을 활용한 최적 스케줄을 생성한다. 최적 스케줄을 통해 불균형한 의료 수요를 해결하는 데 도움을 줄 수 있다. 이 사례는 2012년 《한국경영과학회지》에 발표되었다.

수자원 할당

불확실한 물 공급 및 수요를 고려해 지역 산업의 물 자원 할당을 신문 가판원 모형 기반의 프레임 워크를 활용해 최적화한다. 이 프레임 워크는 물 할당 비용, 물 수요를 충족하지 못한 기회 손실, 물 수요를 초과한 페널티 손실을 최소화하는 최적의 물 할당 계획을 생성한다. 중국 후이저우 시의 두 지역을 대상으로 이 모형을 적용해 기존의 물 자원 할당 방식보다 비용을 줄이고 물 수요 충족 비율을 높이는 데 성공했다. 또한 불확실성이 큰 환경에서도 경제적, 사회적, 생태적 이익을 극대화하기 위해 물 자원을 최적으로 할당했다. 이 사례는 2023년 《사이언티픽 리포츠(*Scientific Reports*)》에 소개되었다.

앞에서 설명한 다양한 현실 문제에서 알 수 있듯이, 신문 가판원 모형의 특징은 다음과 같다. 첫째, 판매 기간이 짧은 편이며 판매 시작 시점과 종료 시점이 비교적 명확하다. 신문의 경우는 하루, 피로연 음식의 경우는 두 시간 남짓, 크리스마스카드의 경우 2~3주 남짓에 불과하다. 판매 종료 시점은 신문의 경우 그날 판매 마감 시간이 되며, 크리스마스카드의 경우도 성탄절 당일이 판매 종료 시점이 됨은 자명한 사실이다.

둘째, 판매 시작 전에 사전 주문을 해야 한다. 결혼식 피로연의 음식 주문의 예를 보듯이 음식 준비 시간이 필요하기에 미리 주문해야 결혼식 피로연에 맞추어서 음식이 도착할 수 있게 된다.

셋째, 사전에 주문 정정 또는 추가 주문의 기회가 있을 수 있다. 상황에 따라서 최초 주문을 정정하거나 추가로 주문량을 늘릴 수 있다. 초기 수요를 보고 주문량을 변경해 경제적 효과를 볼 수도 있다. 이와 관련해 세계적인 의류 업체 베네통(Benetton)의 지연 차별화 전략(postponement strategy)에 대해서 살펴볼 필요가 있다. 지연 차별화 전략은 제품의 다양성을 유지하며 대응성을 높이는 전략이다. 공통 부품이나 일반적인 표준 부품을 먼저 생산하고 제품의 세부 품목을 결정짓는 부품은 나중에 생산해 공정상 부품과 제품이 차별화되는 시점을 지연시킨다. 예를 들어 베네통에서 생산 기간이 7개월 정도 되는 스웨터를 판매하는데, 판매 전에는 어떤 색이 유행일지 알 수 없다. 긴 생산 기간을 고려하면 빠르게 변하는 패션 트렌드를 따라잡기 어렵기 때문에, 염색한 털실로 색상

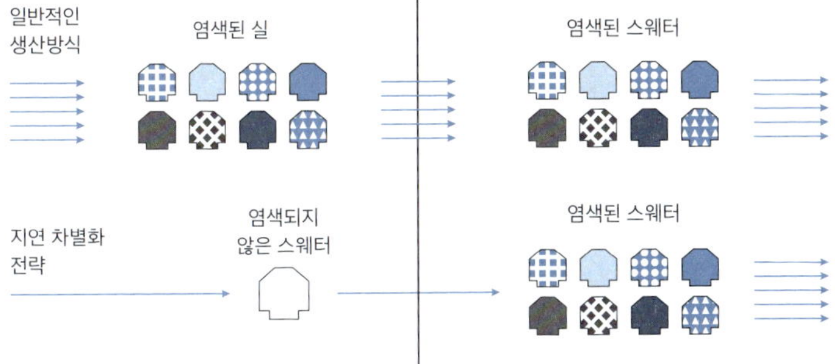

그림 9-2. 베네통의 지연 차별화 전략.

스웨터를 제작하는 일반적인 생산 방식에서 그림 9-2와 같이 스웨터를 먼저 제작하고 염색하는 방식인 지연 차별화 전략을 적용한 공정으로 변환한다. 이러한 공정 방식을 선택하면 염색되지 않은 스웨터가 제작되는 동안 유행하는 색과 정보를 파악해 정확한 수요 예측 후, 제작된 스웨터를 인기가 많은 색으로 염색한다. 공정 방식을 변환하면 생산 비용이 10퍼센트 정도 추가 발생하지만 수요 예측 향상, 재고 감축, 판매 증가로 이를 상회하는 이익을 실현할 수 있다.

넷째, 남은 재고에 대한 잔존 가치가 없거나 매우 작다. 신문 가판원 모형이나 결혼식 피로연의 경우처럼 남은 재고(기간이 지난 신문 혹은 남은 음식)에 대해서는 잔존 가치가 0인 경우가 대부분이다. 크리스마스카드처럼 판매 기간이 종료된 후 할인 판매를 하는 경우도 자주 있으며, 이 경우는 본래 판매 가격보다는 상당히 할인된 잔존 가치를 갖는다.

한계 분석을 통한 수리 모형

신문 가판원 모형을 수립하기 위해 다음과 같은 기호의 정의가 필요하다.

$p=$ 판매 가격/단위($)

$c=$ 구매 가격/단위($)

$v=$ 잔존 가치/단위($)

$X=$ 수요(확률변수)

$\mu=$ 수요 X의 평균

$\sigma=$ 수요 X의 표준편차

$F(X)=$ 수요 X의 확률분포함수

신문 가판원 모형에서 의사 결정 변수는 주문량(order quantity) Q이다. 신문 가판원 문제는 앞에서 설명했듯이 너무 많이 주문하는 위험과 너무 적게 주문하는 위험이 상충한다. 이러한 위험들의 균형을 찾기 위해, 이를 비용으로 나타낼 수 있다. 기대 이익을 최대로 하는 것은 기대 비용을 최소로 하는 것과 동일하기 때문에 기대 비용을 최소로 하는 주문량을 찾도록 한다. C_0를 1개 추가 주문했는데 팔리지 않아서 발생하는 손실인 과잉 재고 비용(overstock cost)이라고 정의하면, 과잉 재고 비용은 구매 가격과 잔존 가치(salvage value)의 차이, 즉 $C_0=c-v$가 된다. 잔존 가치는 보통 양수이지만, 만일 팔리지 않은 물건을 비용을 들여 폐기해야 하는 경우가 있다면 잔존 가치가 음수가 될 수 있다는 점도 유념할 필요가 있다. 반면에 C_u를 1개 추가 주문했으면 팔 수 있었는데 주문하지 않음으로 판매 기회를 놓쳐서 발생하는 손실인 부족 재고 비용(understock cost)이라고 정의하면, $C_u=p-c$가 된다. 여기서 중요한 사실은 수요가 불확실하기 때문에 판매 기간 종료 후 잔여량 혹은 부족량을 알 수 없지만 한 단위 과잉 재고 비용과 부족 재고 비용은 알 수 있다는 것이다.

이제 기대 이익을 최대로 하기 위해서 한 단위 과잉 재고 비용과 부족 재고 비용의 균형을 취하는 최적 주문량을 찾는다. 한 단위 추가 주문하는 기대 손실이 기대 이익과 같아질 때까지 한 단위씩 늘리면서 주문해야 한다. 한 단위 추가 주문에 따른 기대 손실은 Q개째 주문량이 재고로 남을 확률은 재고 보유 확률(instock probability)인 $P(X \leq Q)=F(Q)$과 과잉 재고 비용의 곱이므로 기대 손실은 $C_0 \times F(Q)$가 된다. 한 단위 추가 주문에 따른 기대 이익은 그 단위가 판매될 확률을 그 단위가 판매됨에 따라 얻을 수 있는 추가 이익(즉 부족 재고 비용)에 곱하면 된다. 따라서 기대 이익은 $C_u \times [1-F(Q)]$가 된다. 여기서 $1-F(Q)$는 품절 확률(stockout probability)이다. 주문량을 한 단위 증가시키는 데 발생하는 기대 한계 이익은 $C_u[1-F(Q)]-C_0 F(Q)$가 된다. 더 이상 기대 이익을 증가시킬 수 없는 주문량, 즉 기대 한계 이익이 0이 되는 최적 주문량을 Q^*라고 하면, Q^*는 그림 9-3과 같이 기대 이익과 기대 손실이 같아지는 지점에서 찾을 수 있다.

기대 이익과 기대 손실이 같아지는 Q는 다음 식을 전개해 찾을 수 있다.

$$C_0 \times F(Q) = C_u \times [1-F(Q)]$$
$$F(Q) = \frac{C_u}{C_0 + C_u}$$

시즌 동안 수요가 평균이 μ이고 표준편차가 σ인 정규분포를 따른다면, 위 식을 만족시키는 표준정규분포 확률변수 값 z는 정규분포의 표준화 공식에 따라 $z = \frac{Q-\mu}{\sigma}$이 되므로 최적 주문량 Q^*는 다음과 같이 나타낼 수 있다.

$$P(X \leq Q) = P\left[\frac{X-\mu}{\sigma} \leq \frac{Q-\mu}{\sigma}\right] = \frac{C_u}{C_0 + C_u}$$
$$Q^* = \mu + z\sigma$$

이 개념은 다음과 같이 생각할 수 있다. 앞의 식을 임계값

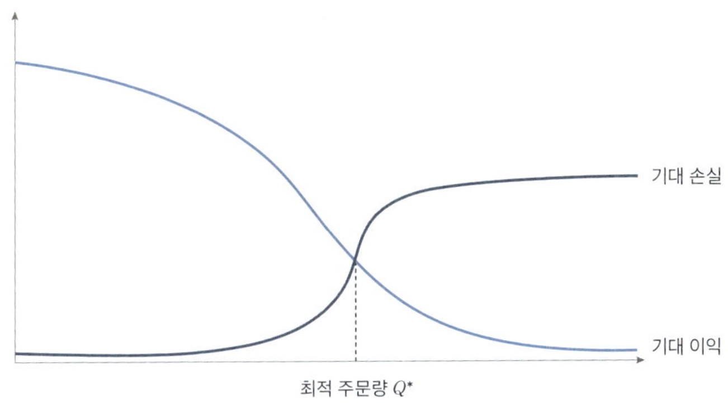

그림 9-3. 최적 주문량의 크기.

(critical ratio)이라고 부르는데 부족 재고 비용이 전체 재고 비용의
비율로 생각할 수 있다. 현실 상황에서는 부족 재고 비용이 과잉
재고 비용보다 큰 경우가 대부분이다. 부족 재고 비용이 80달러이
고 과잉 재고 비용이 20달러라면 임계값이 0.8이 되고, 그림 9-4에
서 누적 밀도 값이 0.8에 해당하는 z값을 찾아 최적 주문량을 계산
할 수 있다. 즉 부족 재고 비용이 80달러, 과잉 재고 비용이 20달러
라면 평균보다 많이 주문하는 것이 최적이라는 것을 알 수 있다.

만일 부족 재고 비용과 과잉 재고 비용이 같다면 임계값은 0.5가
되고 과거 수요의 평균만큼만 주문하는 게 최적이 된다. 과잉 재고
비용과 부족 재고 비용 비율의 함수로 주어지는 $F(Q)$는 그림 9-5와
같다. 이 비율이 작아지면 최적 주문량이 증가함을 알 수 있다.

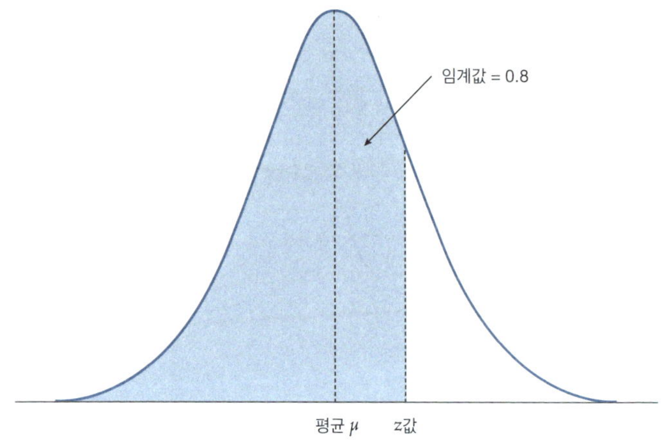

그림 9-4. 정규분포와 임계값.

ABC 수영복 판매점은 여름철 피서철을 맞아 고급 수영복을 미리 주문하고자 한다. 고급 수영복의 피서철 수요는 평균이 500벌, 표준편차가 100벌인 정규분포를 따른다고 예년의 수요 데이터를 바탕으로 추정되었다. 수영복 한 벌의 구매 가격은 100달러, 판매 가격은 180달러이며, 피서철 종료 후 파격가 할인을 통해 80달러에 모두 판매될 것으로 예상한다. ABC 수영복 판매점은 몇 벌을 주문해야 하는가? $C_0 = \$100 - \$80 = \$20$, $C_u = \$180 - \$100 = \$80$이 된다.

$$F(Q) = \frac{C_u}{C_0 + C_u} = 0.80$$이며, 표준정규분포 표에서 근사적으로 $z = 0.84$가 된다. 따라서 $Q^* = \mu + z \times \sigma = 500 + 0.84 \times$

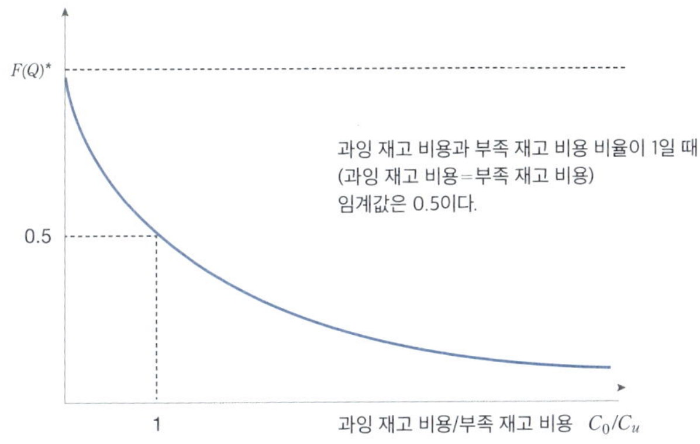

그림 9-5. 과잉 재고 비율과 부족 재고 비용 비율에 따른 임계값의 변화.

$100 = 584$벌이 된다.

신문 가판원 문제를 포함한 전통적인 확률적 재고 모형들은 수요의 분포를 알고 있다고 가정한다. 하지만 수요의 분포에 대한 추정은 많은 데이터와 함께 추정의 노력이 필요하다. 만일 과거 수요에 대한 데이터만 주어진 상태에서 빠르고 손쉽게 의사 결정 하려면, 분포 자유 접근 방법(distribution free approach)을 사용할 수 있다. 수요의 분포에 대한 정보가 없고, 단순히 평균과 분산의 정보만 추정할 수 있는 경우에는 분포 자유 신문 가판원 모형을 사용할 수 있다. 분포 자유 접근 방법은 최악의 분포가 발생한다는 상황에서 최적의 의사 결정을 내리는 전략인데, 다소 보수적인 전략이라고 할 수 있다. 이 문제를 풀기 위해 스카프(Scarf, 1958년)가 제안하고 갈레고와 문(Gallego and Moon, 1993년)이 확장해 발표한 정리를 사용해 분포 자유 접근 방법을 적용한 최적의 주문량 Q^*를 다음과 같이 유도할 수 있다.

$$Q^* = \mu + \frac{\sigma}{2}\left(\sqrt{\frac{p-c}{c-v}} - \sqrt{\frac{c-v}{p-c}}\right)$$

ABC 수영복 판매점에서 수요가 정규분포를 따른다면 최적 주문량은 584벌이었지만, 분포 자유 접근 방법을 적용한 최적 주문량은 575벌이다.[9]

문일경(서울대학교 산업공학과 교수)

10 | 최소 투자로 최대 성과를 실현하려면

#최적화 기술

현대 사회에서 최소의 투자로 최대의 성과를 내는 것은 모든 분야의 핵심 과제가 되었다. 디지털 전환 시대에 자원과 시간은 더욱 귀중해졌고, 효율적인 선택은 성공의 열쇠가 되었다. 개인 시간 관리부터 기업 투자 결정, 공공 정책 수립까지, 우리는 늘 '최적의 선택'을 고민한다. 이러한 최적의 선택을 가능하게 하는 산업공학의 핵심적인 무기가 바로 최적화(optimization) 기술이다.

머니볼의 혁신: 소수정예 전략

산업공학의 최적화 기술이 추구하는 바를 잘 나타내는 개념이 바로 소수정예(少數精銳)다. 소수정예는 적은 수의 인원이나 자원으

159

로 최고의 결과를 내는 것을 의미한다. 단순한 비용 절감이 아닌, 선택과 집중을 통한 효율 극대화 전략이다. 역사적으로 스파르타의 300명 결사대, 신라 화랑도, 현대의 특수 부대가 대표적 사례다. 오늘날 실리콘밸리의 혁신적 스타트업 기업들 역시 이러한 소수정예 전략으로 거대 기업들과 성공적으로 경쟁하고 있다.

이 전략의 현대적 사례를 가장 잘 보여 주는 것이 마이클 루이스(Michael Lewis)의 『머니볼(*Moneyball*)』[10-1]을 원작으로 한 영화 「머니볼」이다. 2002년, 메이저리그의 작은 구단 오클랜드 애슬래틱스는 야구계에 새로운 변화를 가져왔다. 당시 메이저리그는 뉴욕 양키스와 같은 빅마켓 구단이 주도하던 시기였다. 뉴욕 양키스의 1억 2600만 달러에 비해 오클랜드는 그 3분의 1인 4100만 달러의 제한된 예산으로 경쟁해야 했다. 이러한 불리한 상황을 극복하고자 단장 빌리 빈은 새로운 방식을 도입했다.

그의 전략은 두 가지였다. 첫째는 통조림 공장 경비원 출신 빌 제임스가 만든 야구 통계 분석 방법론인 세이버메트릭스(sabermetrics)[10-2]를 도입해 기존에 타자를 평가하는 표준적인 지표로 사용했던 도루율, 타점, 그리고 타율 대신에 출루율(on-base percentage)과 장타율(slugging percentage)을 더 중요한 지표로 삼는 것이었다. 즉 플레이가 화려하지는 않아도 꾸준하게 출루하는 선수가 가끔 큰 안타를 치는 선수보다 팀 승리에 더 기여할 수 있다는 것이다. 두 번째는 이런 관점으로 시장에서 저평가된 선수들을 찾아내고, 가용한 예산 내에서 평균 출루율을 높일 수 있는 최적의 선수들을 선택해 영입하는 것이었다.

결과는 놀라웠다. 오클랜드는 20연승이라는 메이저리그 연승 타이 기록을 세우며 플레이오프에 진출한 데는 단순한 성적 이상의 의미가 있다. 데이터에 기반한 과학적 의사 결정이 전통과 직관을 뛰어넘을 수 있다는 것을 증명한 것이었다. 이 혁신은 야구계 전체를 변화시켰다. 보스턴 레드삭스는 이 방식을 채택해 2004년 밤비노의 저주를 이기고 86년 만의 월드 시리즈 우승을 이뤄냈고, 현재는 대부분의 MLB 구단이 데이터 분석을 기반으로 의사 결정을 내리고 있다고 한다.

단순해 보이지만 어려운 '최적의 선택'

머니볼 사례에서 본 단장 빌리 빈의 전략은 실행하기가 쉬울까? 시장에서 영입이 가능한 선수들이 10명 정도 있고, 그중 3명의 선수를 예산 한도 내에서 선택을 하는 상황을 생각해 보자. 각 선수의 출루율 기록과 예상되는 연봉 액수를 알고 있다면, 예산 한도 내에서 평균 출루율을 최대로 하는 선수 3명을 선택하는 것은 그리 어려운 문제가 아니다. 즉 세 선수를 고르는 가능한 모든 경우의 수는 1,000가지를 넘지 않는데, 그중 예산을 넘지 않으면서 평균 출루율이 제일 큰 경우를 고르는 것을 컴퓨터 프로그램으로 한다면 1000분의 1초도 걸리지 않을 것이다.

만일 100명의 선수 중에서 30명을 선발해야 하는 상황을 생각해 보면 상황은 동일하지만 예산 한도에서 평균 출루율이 가장 높은 30명을 선택하는 일은 그리 간단한 문제가 아니다. 경우의 수는 몇 가지나 될까? 100명 중에서 30명을 고르는 경우의 수는 10의 25제곱 정도 된다. 컴퓨터로 1초에 10의 15제곱 개의 경우의 수를 따져 볼 수 있다면, 약 10의 10제곱 초가 걸리고, 이는 약 317년에 해당한다. 이 정도 시간은 조선을 건국한 태조 이성계부터 제19대 숙종까지 이르는 긴 세월이며, 현실적으로는 가능한 방법이 아님을 쉽게 느낄 수 있을 것이다. 그렇다면 다른 방법을 생각해 볼 수도 있다. 예를 들어 출루율이 가장 높은 선수부터 한 사람씩 보면서 예산 한도에서 30명을 선발한다거나 하는 등의 방법 말이다. 그러나 이런 방법은 선택한 30명의 평균 출루율이 최대인지, 더 나은 선택이 있는지 판단하기가 어렵다.

단순해 보이는 '최적의 선택' 문제에 대한 해답을 찾는 것이 결코 단순하지 않을 수 있고, 실제 다양한 상황에서 만나는 문제는 이보다 더 복잡할 수 있다. 단순해 보이는 실제 사례를 하나 더 들어보자. 택배 화물을 배송하는 차량이 100개의 배송지를 가장 빠르게 방문할 수 있는 방문 순서를 찾는 상황을 생각해 보자. 쉽게 알 수 있듯이, 가능한 모든 경로의 경우의 수는 100팩토리얼, 즉 10의 159제곱이라는 천문학적인 숫자로 우주의 모든 원자 수

(약 10의 80제곱)보다도 훨씬 큰 숫자이고, 지구상 모든 슈퍼 컴퓨터를 동원해도 모든 가능한 경로를 하나하나 확인하는 것은 현실적으로 불가능하다.

그렇다면 과학적이고 효율적인 해결 방법은 없을까? 그것이 바로 산업공학의 핵심 무기인 최적화 기술이다. 최적화 기술은 과학적 방법론을 통해 이러한 복잡한 문제들을 효율적으로 해결할 수 있는 방법을 제공한다. 모든 경우의 수를 다 검토하는 대신, 해답을 찾아야 하는 문제의 구조를 이해하고 활용해 효율적으로 최적해(최적의 선택) 또는 그에 근접한 해답을 찾아내는 기술이다.

최적화: 최적의 선택의 기술

현실에서 마주하는 이러한 선택의 문제를 의사 결정 문제라고 한다. 의사 결정 문제는 추구하는 목적으로 달성하기 위해 무엇을 실행할 것인지 선택하는 구체적인 상황을 의미한다. 물론 선택을 어떻게 하느냐에 따라서 의사 결정의 목적 달성도가 달라지고, 게다가 결정을 아무런 제약도 없이 마음대로 할 수 있는 것도 아니기 때문에 고민스러운 것이다. 최적화 기술은 이러한 의사 결정 상황에서 여러 가지 제약을 만족하는 대안(가능한 선택) 중에서 의사 결정을 하는 사람의 목적(의사 결정의 평가 기준)을 최대한 달성하는 최적의 대안을 과학적이고 체계적으로 찾아내는 방법론이다.

단순히 '가장 좋은 것'을 찾는다는 개념을 넘어 주어진 제약 조건에서 우리가 원하는 목표를 가장 잘 달성할 수 있는 방법을 찾아내는 정교한 과학적 접근법인 것이다.

좀 더 구체적으로 최적화 기술은 현실에서 해결해야 하는 의사 결정 문제의 핵심적인 요소를 추출해 수리 모형(mathematical model)을 만들고 이 모형에 대한 최적해를 구하는 기법인데, 대상으로 하는 수리 모형의 구조에 따라 최적해를 구하는 알고리듬도 일반적으로 달라진다. 따라서 최적화 기술에는 다루는 수리 모형의 구조에 따라 세부적으로 다양한 기법들이 있다. 특정한 의사 결정 문제를 수리 모형으로 만드는 과정은 기본적으로 세 가지 요소를 추출해 수리적으로 표현하는 과정이다. 즉 의사 결정 문제에서 결정하고자 하는 사항을 결정 변수로 정의하고, 가능한 대안이 만족해야 하는 제약 조건들을 결정 변수에 대한 함수로 모형화해 등식 혹은 부등식으로 표현하고, 의사 결정에서 추구하는 목표를 결정 변수에 대한 함수(목적함수)로 모형화한다. 보통 이러한 과정을 거쳐 만들어진 수리 모형의 몇 가지 외형상의 특성에 따라 해당하는 최적화 기술을 세부적으로 분류하는 것이 일반적인데, 활용의 관점에서 대표적인 기법[10-3]으로는 선형 계획법(linear programming), 정수 계획법(integer programming) 등이 있다.

선형 계획법은 산업공학, 경제학, 경영학, 전기전자공학, 화학공학, 전산학 등등 다양한 학문 분야에서 널리 교육되고 쓰이고 있는 최적화 기법이며 현재의 기법 수준으로 수십만 단위의 결정 변수와 제약 조건을 가진 대규모 선형 계획 모형을 수십 분 내에 해결할 수 있다.

정수계획법은 현실적인 활용의 관점에서 가장 중요한 기법이다. 정수계획법에서 다루는 수리 모형은 선형 계획 모형과 외형은 거의 동일해 보이지만, 아주 사소해 보이는 한 가지 조건, 즉 결정 변수 중에 일부가 정수값을 가져야 한다는 제약 조건으로 인해 이론적으로 최적해를 구하기 어렵다고 알려져 특수한 경우들을 제외하고 일반적으로 효율적인 알고리듬이 알려져 있지 않다. 그러나 정수 계획법은 1990년대 이후 지난 35년간 발전을 거듭해 왔으며, 수만 단위의 정수 계획 모형도 현재의 상용 최적화 소프트웨어로 최적에 가까운 해를 빠르게 구할 수 있는 수준에 와 있다.

인간의 경제 활동의 본질은 효용을 최대화할 수 있도록 제한된 자원을 활용하는 데에 있다. 따라서 어떤 경제 주체이든 활동을 어떻게 할 것인지 선택을 고민하고 있다면 이는 곧 최적화 기술이 힘을 발휘할 수 있는 상황이라고 할 수 있다. 최적화 기술은 제2차 세계 대전이라는 전쟁을 무대로 수학자, 물리학자, 경제학자 등에 의해 전쟁 자원의 효율적 활용을 위한 의사 결정 도구로서 다듬어지고 활용되어 왔다. 그 이후 지난 70여 년 동안 최적화 기술의 이론과 알고리듬의 눈부신 발전과 더불어 거의 모든 산업 분야와 기능 영역의 모든 의사 결정 단계에서 활용되어 왔고, 생산성 향상, 프로세스 혁신, 비용 절감, 이익 증대 등을 실현해 왔다.

인텔의 기업 경쟁력과 지속 가능성

최적화가 실제 기업 환경에서 어떤 가치를 창출할 수 있는지 인텔(Intel)의 사례를 통해 살펴보자. 2009년부터 2019년까지 10년간 인텔은 제품 설계부터 공급망에 이르기까지 전사적으로 최적화 기술을 도입한 결과 놀라운 성과를 거두었다.[10-4] 가장 눈에 띄는 것은 재무적 성과다. 제품 설계 분야에서는 최적화를 통해 엔지니어링 비용을 10.4억 달러 절감했을 뿐만 아니라, 더 효율적인 제품 설계로 추가 매출 3.4억 달러를 창출했다. 공급망관리 분야의 성과는 더욱 인상적이다. 생산 능력이 부족한 시기에는 동일한 생산 설비로 6퍼센트의 매출 증대를, 생산 능력에 여유가 있을 때는 6퍼센트의 비용 절감을 달성했다고 한다. 생산 능력이 중간 수준일 때도 3퍼센트의 매출 증대와 3퍼센트의 비용 절감이라는 균형 잡힌 성과를 거두었다고 한다. 이러한 성과들을 모두 합치면 10년간 무려 254억 달러의 가치를 창출했다고 한다.

환경적 측면에서의 성과도 주목할 만하다. 더 효율적인 생산 계획을 통해 10년간 물 사용량 20억 갤런을 절감했고, 5억 갤런의 폐수 발생을 방지했다고 한다. 최적화 기술의 도입은 조직 문화도 크게 변화시켰다. 과거에는 경험과 직관에 의존하던 의사 결정 방식이 데이터에 기반한 과학적 의사 결정으로 전환되어 의사 결정자들은 이제 5~10배 더 많은 시나리오를 분석할 수 있게 되었고, 이를 통해 더 나은 선택을 할 수 있게 되었다는 것이다. 즉 계획 수립에 걸리는 시간이 수 주에서 수 분으로 단축되면서, 실무자들은 더 많은 시간을 전략적 사고에 할애할 수 있게 되었다는 의미다.

인텔 사례는 최적화 기술이 단순한 비용 절감이나 효율성 개선 도구를 넘어, 기업의 경쟁력과 지속 가능성을 좌우하는 핵심 역량이 될 수 있음을 보여 준다. 최적화 기술은 재무적 성과 창출뿐만 아니라 환경 보호, 업무 프로세스 혁신과 데이터 기반의 의사 결정 문화 정착에 이르기까지 광범위한 영향을 미칠 수 있다는 것이다. 인텔의 사례는 최적화 기술이 제4차 산업 혁명 시대에 디지털 혁신을 실현하는 핵심적인 기술이라는 것을 보여 주고 있다.

아마존 로봇 물류 센터 혁신

물류 센터 운영에서의 최적화는 매우 복잡한 과제다. 로봇의 이동 경로와 상품의 보관 위치, 작업 순서와 같은 것들을 결정해야 한다. 동시에 로봇의 수나 작업자의 수, 보관 공간의 크기, 심지어 로봇의 배터리 수명까지 고려해야 하는 물리적 제한도 있다. 이 모든 것을 고려하면서 처리 시간을 최소화하고 에너지 사용량을 줄이며 작업자의 피로도도 낮춰야 하는 것이다.

전통적인 물류 센터의 작업자들은 매일 수 킬로미터를 걸어 다니며 고객이 주문한 상품을 찾아야 했다. 단순히 시간 낭비일 뿐만 아니라 육체적 피로를 누적시키고 인적 오류를 발생시키는 원인이 되었다. 또한 주문량이 증가할 때마다 더 많은 인력을 투입해야 하는 확장성의 한계도 있었다. 아마존은 2012년 키바 시스템스(Kiva Systems)를 인수하며 이러한 문제를 해결하기 위한 획기적인 변화를 시도했다. 사람이 상품을 찾아다니는 대신, 로봇이 상품이 있는 선반을 작업자에게 가져다주는 방식으로 전환한 것이다. 그러나 진정한 혁신은 2015년, 최적화 기술을 이용한 새로운 로봇 피킹 알고리듬을 도입하면서 시작되었다.[10-5]

이 새로운 알고리듬은 공간과 시간, 자원을 통합적으로 고려해 상품을 어디에 보관할지, 로봇이 어떤 경로로 움직일지, 작업 스테이션을 어떻게 배치할지를 최적화한다. 동시에 작업 순서를 최적화하고 대기 시간을 최소화하며 로봇의 배터리 사용과 작업자의 동선까지 효율적으로 관리한다. 이러한 최적화 기술의 도입은 놀라운 결과를 가져왔다. 로봇의 이동 거리가 62퍼센트 감소했고, 필요한 로봇의 수도 31퍼센트 줄었다고 한다. 더불어 보관 공간의 효율성이 40퍼센트 향상되어 수억 달러의 비용 절감으로 이어졌을 뿐만 아니라 에너지 사용량과 탄소 배출량 감소라는 환경적 이점도 가져왔다는 것이다. 또한 아마존의 사례는 머신러닝과 최적화 기술의 결합이 가져올 수 있는 시너지를 보여 준다. 머신

러닝 기술은 주문 패턴을 예측하고 이를 바탕으로 자원을 선제적
으로 배치해 상황에 따라 용량을 동적으로 조절할 수 있게 한다.
또한 실시간으로 상황에 대응하고 경로를 재설정하며 지속해서
성능을 개선하는 것이 가능해졌다고 한다.

아마존의 로봇 물류 센터는 최적화 기술이 현실 세계의 복잡
한 문제를 어떻게 해결할 수 있는지 보여 주는 훌륭한 사례다. 단
순한 자동화를 넘어 인간과 기계가 각자의 장점을 살려 협력할 수
있는 하나의 방안을 제시하는 사례라고 할 수 있다.

AI 시대 가치 창출의 열쇠

2011년 5월 매킨지 글로벌 연구소(McKinsey Global Institute)는 정교
한 분석적 기법을 이용해서 더 나은 의사 결정에 빅데이터를 활용
한다면 세계 경제에 막대한 가치를 창출할 것이라는 메시지를 담
은 보고서를 발간했다.[10-6] 그로부터 약 15년 동안 빅데이터를 활
용한 정교한 분석적 기법들은 기업의 혁신을 이루어 왔다. 그 과
정에서 최적화 기술은 산업 현장의 다양한 의사 결정을 최적화하
는 산업공학의 핵심 기술로서, 빅데이터 속에 숨어 있는 가치를
찾아 실현하는 가치 창출의 열쇠로 활약해 왔다. 또한 디지털 혁
명이 가속화되고 AI가 우리의 삶 깊숙이 들어온 지금, 최적화 기
술은 AI를 구현하는 핵심 기술로 자리 잡고 있다.

요즘은 누구나 AI, 특히 챗지피티, 클로드 등으로 대변되는 거대 언어 모델이 세상의 모든 문제를 해결할 것이라고 기대하는 것 같다. 그러나 불확실성이 커지고 환경 문제 등의 새로운 도전 과제들이 등장하면서 데이터 기반의 학습이나 경험만으로는 지속 가능한 의사 결정 체계를 구축하기 어려워졌다. 이러한 상황에서 최적화 기술은 머신러닝과 융합해 우리가 직면하는 복잡한 의사 결정 문제들을 해결해 AI 혁명을 실현하는 핵심적인 도구로 그 역할이 더 강화될 것이다.

이경식(서울대학교 산업공학과 교수)

11 | 항공권 가격의 비밀

코로나19 팬데믹이 지난 후 항공기 여행에 대한 수요가 폭발했다. 코로나 이전인 2019년 1~4월 한국과 일본을 오가는 항공기에 평균 164명이 탑승했다면 2023년 같은 기간에는 170명이 탑승해 항공 수요가 코로나19 이전으로 회복하고 있으며, 인천 국제 공항 이용객도 2023년 상반기에만 이미 79만 명을 돌파해 2019년 환승객인 170만 명에 접근했다.[11-1] 여기에 코로나 때 줄인 승무원이나 정비 인력의 충원이 더디어지면서 항공권 가격이 급등해 2019년에 95만 원이던 인천—런던 항공권 가격이 2023년에는 150만 원 이상으로 치솟는 경우도 발생했다.[11-2] 이처럼 항공권은 고객 수요와 항공사의 좌석 공급량에 따라 급격한 변화를 보이기 때문에 승객 입장에서는 저렴한 항공권을 사기 위한 요령을 많이 찾곤 한다. 인터넷 사이트에 소개된 비법에 따르면 "파일럿이 알려주는 항공권 40퍼센트 이상 싸게 사는 법", "항공권 저렴하게 구입하는 꿀팁 7가지", "남들보다 비행기 표 싸게 하는 법!", "여행사 직원의 꿀팁" 등의 수많은 유튜브 영상들을 쉽게 찾을 수 있다. 그만큼 많은 사람이 관심을 가지고 보는 주제라는 것을 의미한다. 11장에서는 항공권 할인 가격 설정의 역사와 항공사들이 어떤 방식으로 항공권 가격을 조정하는지 소개하고, 항공권 가격 설정에 숨어 있는 산업 공학의 최적화 기법을 찾아본다.

티켓 가격 차별화의 역사

오늘날 항공권 가격은 항공사마다, 판매처마다 천차만별로 다르다. 하지만 1978년 이전 미국에서는 정부 기관인 민간 항공 위원회(The Civil Aeronautics Board, CAB)에서 모든 항공권의 루트와 가격, 서비스까지 1958년 연방 항공법(Federal Aviation Act(FAA) of 1958)으로 통제했다. 이 기관에서는 항공권 시장의 과열 경쟁을 막고 항공사의 안전 운행을 보장한다는 목적으로 새로운 항공사의 시장 진입을 억제하기도 했다.

제2차 세계 대전 이후 미국에서 폭발한 항공 여행 수요에 따라 1978년 항공사 규제 완화법(Airline Deregulation Act, ADA)이 통과되면서 항공권 가격에 대한 정부의 통제가 막을 내리고 민간 경쟁

그림 11-1. 항공권의 탈규제를 풍자한 만화. 항공사의 가격 최적화를 통한 수익 증대를 예상하고 있다.[11-3]

에 의한 효율성 증대를 추구하기 시작했다. 이에 따라 항공권 가격은 지속해서 하락하고 승객 수는 증가해 항공 산업은 크게 성장하게 된다. 하지만 한편으로는 항공사들이 수익을 극대화하기 위해 고객에게 더 큰 비용을 부담시키리라는 우려도 제기되었다. 실제로 항공사들은 항공권 가격 할인 규제가 완화된 이후 고객의 구매 패턴과 수요 분석을 통해 수익을 극대화하기 위한 가격 최적화(revenue management, yield management) 알고리듬을 개발해 적용하기 시작했다.

1978년 이전에도 항공권 가격에 변동이 전혀 없었던 것은 아니다. 1950년대 이전에도 비정기적으로 운행하는 항공기의 경우 정해진 스케줄이 없기 때문에 승객들에게 정규 노선보다 할인된 가격의 항공권을 발행하기 시작했고, 1948년에는 최초의 저가 항공권 코치 페어(coach fare)가 탄생했다. 오늘날에도 할인 항공권은 할인이 없는 정규 항공권에 비해 여러 제약이 있는 경우가 많다. 예를 들어 할인 항공권은 시간 변경이 불가능하거나 변경 수수료가 상당히 크다. 또한 할인 항공권은 좌석 변경이나 마일리지 적립 등에서도 불리한 경우가 많다. 최근에는 기내 반입 또는 위탁 수하물에 별도 요금을 부과하는 할인 항공권들도 많다.

그래도 현재 할인 항공권이든 정규 항공권이든 대부분의 항공사에서는 같은 종류의 좌석에 앉아 있는 승객에게는 기내식이나 음료 등 서비스가 동일하다. 그래서 일단 탑승한 뒤에 옆자리 승객이 나보다 더 할인된 금액으로 구매했는지 알기 어렵다. 하지만 대개 같은 비용을 지불했을 가능성은 크지 않다. 그만큼 다양한 조건의 할인 항공권이 존재할 뿐 아니라 경유와 직항, 변경 수수료, 별도 수하물 수수료 여부, 마일리지 적립 등 다양한 조건에 따라 다양한 할인 항공권이 판매되는 것이다.

그래도 판매 조건이 다르다면 항공권 가격이 다르다는 것에는 수긍하기 쉬울지도 모른다. 그런데 항공권은 완벽히 똑같은 조건이라고 하더라도 구매 시점에 따라 가격이 변하기도 한다. 예를 들어 출발일 6개월 전에 구매한 항공권은 출발 1주일 전에 구매한 항공권과 완전히 같은 좌석과 서비스를 제공한다고 하더라도 매우 다른 가격일 수 있다. 따라서 대부분의 항공권 구매 팁들은 출발 며칠 전에 항공권을 구매하는 것이 가장 저렴한지에 관한 것이다.

항공권 가격 최적화 기법

항공사들이 구매 시점에 따라 같은 항공권을 다른 가격으로 책정하는 이유는 무엇일까? 가장 중요한 이유는 항공기의 특성상 좌석이 빈 채로 운행을 하게 되면 무조건 가장 큰 손해를 본다는 것이다. 즉 항공사 입장에서는 아무리 저렴한 가격에라도 좌석을 판매하기만 한다면 항공기의 좌석을 비우는 것보다 무조건 이익이 된다.

이런 논리를 바탕으로 항공사의 수익을 결정하는 중요한 지표 중 하나로 사용되는 것은 좌석 점유율(seat utilization)이다. 실제로 좌석 점유율이 조금만 올라도 항공사의 이익은 크게 달라진다. 예를 들어 영국 브리티시 에어라인(British Airline)의 2007년 좌석 점유율이 76퍼센트였는데 항공권 할인을 적절히 적용해 좌석 점유율을 이전보다 단지 2.5퍼센트 늘린 결과 항공사의 이익은 무려 44퍼센트나 올라갔다.[11-4]

따라서 항공사는 좌석을 최대한 많이 점유하기 위해 항공권의 가격을 시간에 따라 다르게 책정할 필요가 있다. 좌석 점유율을 높이도록 유도하는 대표적인 방법은 고객이 미리 좌석을 점유 (구매)하도록 하는 것이다. 이는 고객이 출발일보다 앞서서 미리 항공권을 구매하는 경우 할인을 제공하는 방식으로 이루어진다. 출발일이 임박할수록 항공사 입장에서는 빈 좌석으로 출발해 좌석 점유율이 떨어질 우려가 커지기 때문이다. 이 때문에 많은 항공권 구매 팁이 얼마나 미리 항공권을 구매해야 항공사가 주는 최대 할인을 받을 수 있는가에 맞춰져 있다.

그러나 항공권 가격이 대체로 미리 구매하는 경우 저렴하다고는 하더라도 반드시 그런 경향만을 나타내는 것은 아니다. 가격은 기본적으로 수요와 공급에 따라 정해지므로, 급작스럽게 항공권에 대한 고객의 수요가 늘어나면 항공권의 가격은 증가하는 방향으로 변한다. 즉 단시간에 항공권에 대한 고객 수요가 갑자기 늘어나는 경우 항공사에서는 그동안 할인해서 판매하던 항공권이 할인율을 줄이거나 심지어 할인을 없애고 정규 가격의 항공권만 남기는 방식으로 가격을 올릴 수 있다. 따라서 미리 항공권을 구매하더라도 그 당시의 수요와 공급 상황에 따라 할인율은 달라진다. 현재 항공사들은 수요와 공급 상황에 따라 매우 정교하게 항공권의 할인율을 조정하는 방식으로 가격을 조정하고 있다. 이를 위해 항공사 수익을 최적화하는 다양한 수리 모형과 알고리듬을 개발해 적용하고 있다(그림 11-2). 여기에는 산업공학에서 개발된 최적화 기법들, 특히 불확실한 고객의 수요를 고려한 최적화

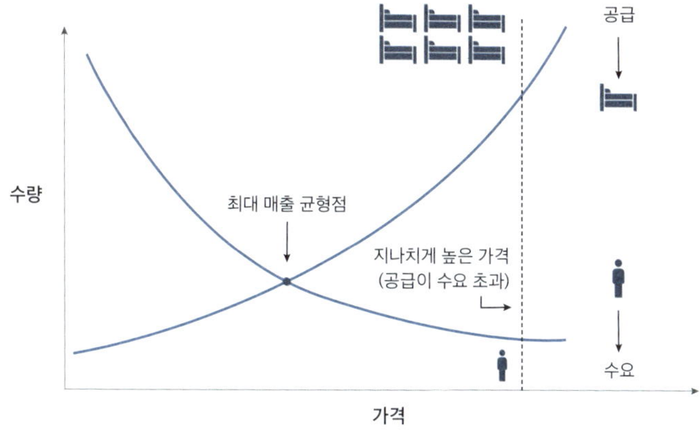

그림 11-2. 항공권 가격 최적화 기본 개념도. 수요 공급에 따른 가격 설정 필요성을 보여준다.[11-5]

기법과 시간에 따라 급변하는 고객 수요를 고려하는 동적 계획법(dynamic programming) 기반 최적화 알고리듬들이 활발히 사용되고 있다.

최근에는 AI 기술, 특히 머신러닝 기술의 발전으로 인해 항공권 수요를 예측하는 것이 더욱 정교해짐에 따라 항공권의 할인율 책정은 현재 수요뿐 아니라 미래 수요 예측 결과에 따라 다르게 제공되고 있다. 즉 과거의 패턴을 관찰하거나 머신러닝을 통해 학습한 결과 미래 특정 구간의 항공권에 대한 수요가 높을 것으로 예상이 된다면 항공사는 현재 제공하는 할인을 서둘러 마감하는 방식으로 항공권의 가격을 높일 수 있다. 이처럼 할인율이라는 의사 결정을 데이터에 기반해 컴퓨터(기계)에 학습시켜 최적의 의사 결정을 찾는 방식이 바로 AI 기술 중 강화 학습 알고리듬이다. 항공권 가격 최적화는 고객의 구매가 빈번하고 양이 많으므로 막대한 데이터가 축적되어 있어 미래의 패턴을 분석하는 것도 용이하고 항공권 할인율의 변동에 의한 항공사의 수익 추이를 분석하는 것도 데이터 기반으로 수행하기가 비교적 좋은 환경이다. 따라서 머신러닝 기법을 이용한 수요 예측과 강화 학습 기반의 항공권 가격 설정 방식은 미래에 더욱 활발히 사용될 것으로 기대된다. 수요 예측과 강화 학습 기반의 동적 최적화 모두 산업공학에서 많은 연구자들이 주도적인 연구를 수행하고 있는 분야이다.

그런데 고객들도 그냥 순순히 항공사의 의도대로 움직이라는 법은 없다. 오히려 고객 간 활발한 정보 교환을 통해 항공권의 최적 구매 시점이나 최적 경유 노선 등에 대한 정보를 과거보다 훨씬 쉽게 공유할 수 있다. 조금만 검색해 보면 단순히 팁을 알려주는 것이 아니라 현재 항공권 가격의 추이와 과거 구매 기록 등을 공유하는 게시판이나 SNS 등을 쉽게 찾을 수 있다. 항공권 구매자들은 이 정보를 토대로 기존과는 다른 구매 패턴으로 구매를 시도할 수 있는 것이다. 즉 항공권의 가격 설정의 기본인 수요와 공급이 정적인 것이 아니라 상호 연관성이 깊고, 구매자 간에도 서로 영향을 주고받기 때문에 항공권 가격의 최적화는 더욱 어려워지고 있다. 최근에는 이렇게 기업의 의사 결정을 예상하고 전략적으로 반응을 하는 고객(strategic consumer)을 항공권 최적화에 고려하는 연구들도 진행되고 있다.

오늘도 승객과 항공사 사이의 수 싸움 및 전략적 경쟁은 계속되고 있으며, 얼마나 조사하고 분석하는지에 따라 옆 승객보다 저렴한 가격의 항공권을 구매할 가능성은 늘 열려 있는 셈이다.

박건수(서울대학교 산업공학과 교수)

12 | 하늘 위의 퍼즐, 항공사 승무원 스케줄링

#스케줄링 최적화

제트기 시대의 새로운 도전

공항에서 탑승 수속을 마치고 비행기에 오르는 승객들을 맞이하는 승무원들의 근무 스케줄은 어떻게 정해질까? 1950년대 제트기 시대의 도래는 항공 산업에 혁명적인 변화를 가져왔다. 더 빠른 속도, 더 긴 비행 거리, 더 많은 승객을 실어 나르게 되면서 항공사들은 새로운 도전 과제에 직면하게 되었다. 그중에서도 항공사 승무원(조종사와 객실 승무원) 스케줄링은 가장 까다로운 문제 중 하나로 떠올랐다. 단순한 시간표 작성이 아닌, 수천 명의 승무원과 수백 대의 항공기, 수많은 제약 조건들이 얽혀 있는 거대하고 복잡한 퍼즐 같은 문제이기 때문이다.

승무원 스케줄링이란 주어진 비행 일정표에 맞추어 승무원들의 근무 패턴을 정하는 작업이다. 항공사의 운영 비용 최소화, 승무원 만족도 제고, 정부 규제 및 단체 협약 준수 등 다양한 목표를 균형 있게 달성해야 한다. 여기에 승무원들의 자격, 노동법상 근로 시간 규제, 개인별 선호도 반영 등 복잡다단한 제약 조건들이 가세하니 결코 만만히 볼 수 없는 문제다.

연간 수백억이 걸린 퍼즐

항공사 운영에 있어 승무원 관련 비용이 차지하는 비중은 막대하다. 이를 잘 보여 주는 사례가 1991년 아메리칸 에어라인(American Airlines)의 운영 상황이다. 당시 이 항공사는 8,300명의 파일럿과 1만 6200명의 객실 승무원을 고용하고 510대가 넘는 항공기를 운영하고 있었다. 승무원의 급여, 복리 후생, 부대 비용을 모두 합한 연간 비용은 13억 달러를 상회했는데, 연료비 다음으로 큰 비용 항목이었다. 특히 주목할 만한 점은 이 비용의 상당 부분이 '통제 가능한' 비용이라는 사실이다. 연료비가 국제 유가와 같은 외부 요인에 크게 좌우되는 것과 달리 승무원 비용은 효율적인 스케줄링을 통해 상당한 절감이 가능하다. 실제로 아메리칸 에어라인의 사례 연구에 따르면 승무원 스케줄링을 최적화해 연간 2000만 달러의 비용 절감 효과를 얻을 수 있었다.[12-1]

또한 항공사들은 매일같이 악천후, 항공기 정비 문제, 승무원 부재 등 예기치 못한 상황에 직면한다. 이러한 상황에서 컨티넨탈 에어라인(Continental Airlines)은 운항 차질이 발생한 상황에서 규제와 규정, 근무 조건 등을 모두 고려하면서 승무원 재배치하는 스케줄링 최적화 시스템을 구축했다. 그 결과 2000년 12월과 2001년 3월의 북동부 폭설, 2001년 6월의 휴스턴 홍수, 9/11 테러와 같은 중대한 위기 상황에서도 신속한 대응이 가능했으며, 2001년 한 해 동안 주요 운항 차질 상황에서만 약 4000만 달러의 비용을 절감할 수 있었다.[12-2]

승무원 스케줄링의 조건

항공사 승무원 스케줄링에서 가장 기본이 되는 것은 FAA와 같은 규제 기관이 정한 안전 규정이다. 승객의 안전과 직결되는 문제이기 때문에 어떤 경우에도 위반할 수 없는 절대적인 제약 조건이다. 예를 들어 "24시간 이내에 8시간 이상 비행하는 경우 반드시 추가 휴식을 취해야 한다."와 같이 승무원의 피로도 관리를 통해 비행 안전을 확보하기 위한 핵심적인 규정이다. 비행 시간에 대한 제한도 매우 구체적으로 규정되어 있다. 최대 비행 시간은 각각 일간, 주간, 월간, 연간 몇 시간을 넘을 수 없도록 제한한다는 식이다. 이러한 단계적 제한은 승무원이 단기적으로나 장기적으로나 과도한 피로에 노출되지 않도록 보호하는 역할을 한다. 휴식 시간 규정도 매우 엄격해 국내선의 경우 최소 몇 시간, 국제선의 경우 최소 몇 시간의 휴식이 보장되어야 한다는 식이다. 단순히 수면 시간만 의미하는 것이 아니라 식사와 휴식, 다음 비행을 위한 준비 시간을 모두 포함하는 개념이다.

법적 규제 외에도 승무원 노조와의 단체 협약을 통해 정해진 노동 조건들이 있다. 이러한 규정들은 승무원들의 삶의 질과 직접 연관되어 있어 매우 중요하다. 근무 시간과 관련해서는 최대 연속 근무 시간에 대한 제한이 있으며, 특히 야간 비행의 경우 더욱 엄격한 기준이 적용된다. 또한 국제선을 운항하는 경우 시차 적응을 위한 충분한 시간이 보장되어야 한다. 휴식과 관련된 규정도 매우 상세하게 정해져 있는데 연속 근무 일수에 제한이 있고 한 달 동안 보장받아야 하는 최소 휴일 수도 정해져 있다. 공휴일 근무에 대해서는 추가 수당이나 대체 휴가와 같은 보상이 이루어져야 한다. 이러한 규정들은 승무원들이 적절한 휴식을 취하고 업무와 삶의 균형을 유지할 수 있도록 돕기 위함이다.

또한 실제 항공사 운영 과정에서는 더욱 복잡한 제약 조건들이 발생한다. 가장 기본적인 것은 기지(base) 운영과 관련된 제약이다. 모든 승무원은 자신이 소속된 기지에서 비행을 시작해 같은 기지로 돌아와야 한다. 단순해 보여도 전체 네트워크 관점에서는 매우 복잡한 제약 조건이 된다. 각 기지에 적절한 수의 승무원

이 배치되어야 하고 해당 기지에서 출발하는 비행 수요와 균형을 이루어야 한다. 승무원의 자격 요건도 중요한 제약 조건이다. 조종사의 경우 특정 항공기 기종에 대한 자격이 필요한데 일부 특수한 공항에 취항하기 위해서는 별도의 자격이 요구된다. 국제선 운항을 위해 추가적인 자격과 경험이 필요할 수 있다. 이러한 자격 요건들은 스케줄링의 유연성을 제한하는 요소가 된다. 운항 과정에서의 연결성도 중요해 승무원이 한 항공기에서 다른 항공기로 이동하는 경우 충분한 연결 시간이 확보되어야 한다. 공항별로 요구되는 최소 지상 시간도 다르며 예상치 못한 상황에 대비해 적절한 수의 예비 승무원도 확보해야 한다. 이 모든 조건이 동시에 충족되어야 안전하고 효율적인 운항이 가능해진다.

카드에서 컴퓨터로: 승무원 스케줄링 최적화 기술의 진화

승무원 스케줄링의 초기 시대는 완전히 수작업으로 이루어졌다. 스케줄링 담당자들은 모든 비행 일정을 기록한 개별 카드를 테이블 위에 늘어놓고 가능한 조합을 찾아내는 작업을 해야 했다. 각 비행편에 대해 출발 시간, 도착 시간, 출발지, 도착지 등의 정보를 꼼꼼히 확인하며 승무원 배정 가능성을 검토했다. 이 과정에서 모든 법적 요건과 운영 제약 사항을 수작업으로 일일이 확인해야 했는데, 엄청난 시간과 노력이 필요했을 것이다. 특히 한 사람의 스케줄을 변경하면 다른 승무원들의 스케줄에 미치는 영향을 파악하는 것이 매우 어려웠다. 실질적인 최적화는 거의 불가능했고 단지 '실행 가능한' 스케줄을 찾는 것만으로도 큰 성과였다고 한다.

1970년대에 들어서면서 컴퓨터 기술의 도입이 시작되었고, 이는 승무원 스케줄링에 큰 변화를 가져왔다. 특히 아메리칸 에어라인이 개발한 승무원 스케줄링 시스템은 이 분야의 혁신적인 진전을 대표한다. 이 시스템은 최초로 기본적인 최적화 알고리듬을 도입해 스케줄링 과정을 자동화하려 시도했다. 당시 최첨단이었던 IBM 3090 메인 프레임 컴퓨터를 사용했지만, 오늘날의 기준으로 보면 매우 제한적인 성능이었다. 한 달 치 스케줄을 처리하는 데 수백 시간의 컴퓨터 처리 시간이 필요했으며, 문제의 규모도 상당히 제한적이었다. 그래도 수작업 시대와 비교하면 엄청난 진전으로, 이후 발전의 토대가 되었다.

1990년대 이후에 산업공학의 핵심 기법인 최적화 기술에 큰 발전이 있었다. 특히 정수최적화[12-3] 알고리듬의 발전과 그 도입은 획기적인 전환점이 되었다. 이 기법들은 대규모 최적화 문제를 더 작은 하위 문제들로 분할해 해결하는 방식을 제시했다. 이를 통해 이전에는 상상할 수 없었던 규모의 문제들을 해결할 수 있게 되었다. 또한 최적화 기술은 현실 세계의 제약 조건을 더 정확하게 모델링할 수 있게 하는 동시에 계산 효율성도 크게 향상시켰다. 이러한 발전 덕분에 실시간 스케줄 조정과 최적화가 가능해졌다.

승무원 스케줄링 최적화의 도전 과제

현대 항공사의 운영 규모는 과거와는 비교할 수 없을 정도로 커졌다. 대형 항공사의 경우 하루에도 수천 편의 비행을 운영하며, 이를 위해 수백 명의 승무원이 필요하다. 여기에 다양한 항공기 기종과 전 세계적인 노선망이 더해져 문제의 복잡성은 기하급수적으로 증가했다. 이러한 복잡성은 단순히 규모의 문제만이 아니다. 현대의 항공사들은 다양한 비즈니스 모델과 운영 전략을 채택하고 있다. 저비용 항공사의 급성장, 항공 동맹(Alliance)의 확대로 승무원 스케줄링 문제는 더욱 복잡해졌다.

또한 현대의 승무원들은 단순히 주어진 스케줄을 수행하는 것을 넘어, 자신의 선호도와 경력 개발 목표를 반영한 맞춤형 스케줄을 원하고 있다. 경력 개발 측면에서도 다양한 요구 사항이 있다. 신규 노선에 대한 경험을 쌓으려는 승무원이 있는가 하면, 국제선 경험을 늘리려는 승무원도 있다. 특수 자격 취득을 위한 훈련 일정도 스케줄에 반영되어야 한다.

항공 운항은 기상 조건이나 정비 상황, 승무원의 긴급 상황 등 예측하기 어려운 변수들에 많은 영향을 받는다. 이러한 상황이 발생했을 때 신속하게 스케줄을 조정하고 대체 인력을 배치하는 것이 매우 중요하다. 특히 한 편의 지연이 연쇄적으로 다른 비행들에 영향을 미칠 수 있어 실시간으로 최적의 대응 방안을 찾아내는 것이 필요하다. 실시간 스케줄 조정의 복잡성은 여러 제약 조건들이 동시에 고려되어야 한다는 점에서 발생한다. 대체 승무원의 가용성, 자격 요건, 근무 시간 제한, 연결편에 미치는 영향 등을 모두 고려하면서 신속한 의사 결정을 내려야 한다.

최근 머신러닝 기술을 최적화 기술과 함께 승무원 스케줄링에 적용하려는 시도가 활발히 이루어지고 있다. 이러한 기술들은 과거의 운항 데이터를 분석해 지연 가능성이 큰 구간을 예측하거나 승무원의 피로도를 예측하는 데 활용될 수 있다. 또한 수요 예측을 통해 더 효율적인 인력 배치가 가능해질 것으로 기대된다.

미래의 항공사 운영에서는 승무원 스케줄링을 독립된 문제로 보는 대신 항공기 스케줄링, 정비 계획, 게이트 할당 등과 통합적으로 최적화하려는 시도가 늘어날 것이다. 전체 시스템의 효율성을 높이고 비용을 절감하는 데 큰 도움이 될 이러한 통합적 접근은 기술적으로 매우 도전적인 과제이지만 컴퓨터 성능의 발전과 최적화 알고리듬 기술의 발전으로 점차 현실화되고 있으며, 항공 산업 혁신의 핵심 동력이 될 것이다.

산업공학이 이끄는 항공 산업의 혁신

승무원 스케줄링 문제는 항공 산업의 효율성과 경제성을 결정짓는 핵심 요소로 자리 잡았다. 단순한 수작업으로 시작된 이 분야는 이제 첨단 수학적 모델과 컴퓨터 알고리듬이 활용되는 과학이 되었으며, AI와 빅데이터 분석까지 활용하는 미래 지향적 분야로 발전하고 있다.

특히 산업공학의 최적화 이론과 기술은 이 분야의 발전을 이끄는 핵심 동력이 되어 왔다. 수학과 컴퓨터 과학, 경영학과 인간공학을 아우르는 융합적 접근을 통해 복잡한 현실 세계의 문제를 해결하는 데 크게 활약해 왔다. 이 책에서 언급한 여러 사례에서 보듯이, 산업공학의 연구 성과가 실제 비즈니스 환경에서 큰 가치를 창출하는 것이다.

새로운 기술의 도입과 함께 승무원 스케줄링은 계속 진화할 것이며, 항공 산업의 효율성과 지속 가능성을 높이는 핵심 동력이 될 것이다. 특히 코로나19 이후 변화된 항공 산업 환경에서 유연하고 효율적인 승무원 스케줄링의 중요성은 더욱 커지고 있다. 비용은 절감하되 서비스의 질은 높이고, 노동 환경은 개선하되 운영 효율은 극대화하는 것, 이것이 바로 산업공학의 최적화 기술이 실현하고자 하는 목표이다.

이경식(서울대학교 산업공학과 교수)

13 | 기술의 숨겨진 가치를 발견하라

#기술 가치 평가

기술 주식 종목, 어떻게 고를까?

주식의 종목을 고를 때 보통은 기업이 속한 산업과 기술의 동향, 기업 재무 상태와 시장 점유율, 경영진의 비전과 역량 등 기업 경쟁력과 성장성을 평가하는 다양한 요소를 고려할 것이다. 그중 기술은 기업의 장기적 가치를 판단하는 핵심 요소다. 이를 위해 해당 기업이 보유한 기술의 가치를 평가해 볼 필요가 있다.

기술 가치 평가, 왜 필요한가?

기술의 가치 평가는 다양한 목적으로 이루어진다. 첫째, 기술 확보를 위해서다. 2008년부터 2011년까지 방영된 SBS 「아이디어 하우머치」에서는 한 발명품에 대해 20명의 CEO가 경매 방식으로 해당 발명품의 특허권, 즉 해당 발명품을 구현하기 위한 기술을 확보하고자 경쟁을 벌였다. 소개된 제품 중 TV 화면을 컴퓨터 모니터처럼 사용할 수 있도록 하는 장치 PCTVRO는 당시 무려 54억 원에 낙찰되며 큰 화제를 모았다.[13-1] 낙찰자는 당장 시장에서 내놓아도 충분한 수익이 기대되는 기술이라며 54억 원의 가격을 제시한 이유를 설명했다. 최근 기업 간 기술 협력, 기술 라이센싱, 인수 합병이 활발해지며 기술 확보를 목적으로 기술과 기업의 역량을 판단하는 기술 가치 평가가 주목받고 있다.

둘째, 기술 가치 평가는 기술 개발 추진 여부를 결정하거나 기술 개발 이후 성과 평가에 활용되기도 한다. 해당 기술의 경제적 가치를 추정해 비용 대비 기대 효과가 큰 기술을 파악하는 것이다. 예를 들어 CDMA는 1996년 세계 최초 우리나라가 상용화에 성공한 기술로, 2004년에 추정된 이 기술의 경제적 가치는 2010년까지 약 66조 원,[13-2] 이후 국민 경제에 미친 파급 효과는 200조 원 이상으로 추정되고 있다.[13-3]

셋째, 기술 관련 분쟁에서도 기술 가치 평가는 중요한 역할을 한다. 회사 업무와 관련된 종업원의 발명인 직무 발명의 보상금 산정이 대표적 사례다. 일본 니치아(日亞) 화학공업은 LED 기술을 보유한 회사로, 이 회사 연구원이자 2014년 노벨상 수상자인 나카

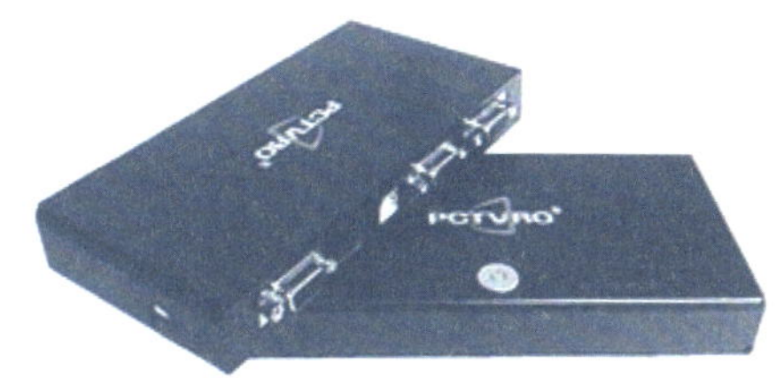

그림 13-1. PCTVRO.

무라 슈지(中村修二)는 1993년 청색 LED의 실용화에 성공하게 된다. 이후 회사를 나온 나카무라 슈지는 회사를 상대로 청색 LED 관련 직무 발명 보상금 청구 소송을 제기했고, 2004년 도쿄 지방법원은 해당 기술의 가치 평가를 토대로 회사가 그에게 총 200억 엔(약 2000억 원)을, 항소심에서는 6억 엔(약 60억 원)을 지급하라 판결했다.[13-4, 13-5] 이외에도 특허 분쟁 시 배상금 산정 등에 기술 가치 평가가 필요하다.

기업이 보유한 기술의 등급에 따라 금융 상품을 제공하는 기술 금융에서도 기술 가치 평가는 활용된다. 기업의 자금 조달에는 담보와 신용이 필요하다. 그러나 창업 기업의 경우 우수한 기술을 보유하고 있음에도 제대로 된 담보가 없거나 신용을 쌓을 시간이 부족해 자금 조달에 어려움을 겪는 경우가 많다. 우리나라 기술보증기금은 우수한 기술을 보유한 기업들이 금융 기관으로부터 자금 지원을 받을 수 있도록 보증을 서는 역할을 하고 있는데, 이 과정에서 기술 가치 평가가 진행된다.

기술 가치는 어떻게 측정할 수 있을까?

기술의 이전 및 사업화 촉진에 관한 법률 제2조에 따르면 "기술 평가란 사업화를 통해 발생할 수 있는 기술의 경제적 가치를 가액(價額) 등급 또는 점수 등으로 표현하는 것"을 의미한다. 그러나 기술에 가치를 매긴다는 것은 쉽지 않다. 다른 자산과 마찬가지로 판매자(기술 개발자)와 구매자(기술 사용자)의 생각이 다르고, 무엇보다 기술이 활용되는 영역에 따라 만들어 내는 가치가 다르기 때문이다. 실제 기술보증기금에서 11억 2400만 원으로 평가한 PCTVRO는 구매자에게 54억 원에 낙찰되었다. 평가자에 따라 4배 이상 차이가 날 수 있음을 보여 주는 사례다. 따라서 가능하면 객관적이고 합리적으로 기술 가치를 판단할 수 있도록 여러 평가 기법이 연구되었으며 산업공학도 이에 중요하게 기여한다.

비용 접근법

비용 접근법(cost approach)은 특정 기술을 개발하는 데 투입된 비용 혹은 해당 기술의 대체 비용을 기준으로 그 가치를 평가하는 방법이다. 우선 기술의 가치는 최소한 개발비 이상이 되어야 한다는 가정하에, 과거 개발 비용 전체를 합산해 그 가치를 평가할 수

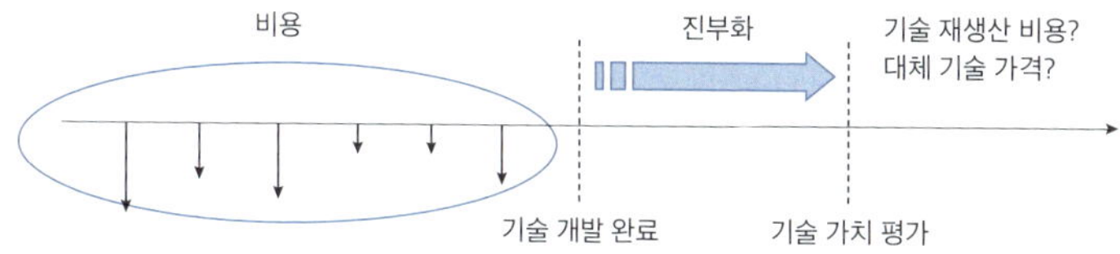

그림 13-2. 비용 기반 접근법의 개념.

있다. 즉 기술 개발에 10억 원이 쓰였거나 쓰일 것으로 예상된다면 해당 기술은 10억 원 이상의 가치가 된다는 것이다. 이때 기술의 개발 시점과 평가 시점은 다를 수 있어 시점의 차이를 고려해야 한다. 예를 들어 3년 전 기술 개발에는 10억 원이 필요했으나 지금은 화폐 가치, 인건비, 재료비 변경 등으로 10억 원 이상 혹은 이하가 기술 개발에 소요될 수도 있다. 이에 평가 시점에 대상 기술과 동일한 기술을 개발하는 데 소요되는 비용(재생산 원가)을 기준으로 가치를 측정하기도 한다.

또한 해당 기술은 동등한 기능이나 효용을 제공하는 다른 기술이 있을 수 있으므로 이러한 대체 기술을 평가 시점에서 개발 혹은 구입하는 비용(대체 비용)으로 가치를 산정할 수도 있다. 동일한 기술은 아니지만 동등한 기능을 수행하는 기술을 지금 개발하는 데 5억 원이 든다면 대상 기술의 가치는 5억 원이 기준이 되는 것이다.

한편 오래된 기술일수록 그 가치는 점차 감소하는 경향이 있다. 이를 기술의 진부화라 한다. 빠르게 변하는 분야일수록 기술의 가치는 크게 떨어진다. 따라서 기술 가치를 산정할 때는 시간이 지남에 따른 가치 하락을 제외하게 된다. 이러한 접근법은 비용을 중심으로 가치를 선정해 기술의 미래 가치를 고려하지 못하므로 아직 기술이 활용될 시장이 명확하지 않을 때 주로 적용한다.

시장 접근법

시장 접근법(market approach)은 유사 기술의 과거 거래 정보를 기준으로 그 가치를 평가하는 방법이다. 부동산의 가치가 정해지는 것과 비슷하다. 부동산 시장에서 아파트 가격은 최근 거래된 유사 매물의 가격을 조사해 대략 파악할 수 있다. 기술 시장에서도 실제 거래가 이루어졌던 유사 기술의 사례를 토대로 기술의 가격을 평가해 볼 수 있다.

다만 아파트의 경우 위치, 층수, 인테리어 여부 등 세부적인 특성에 따라 유사 매물 간에도 가치가 달라진다. 기술도 세부 특성과 거래 조건에 따라 유사 기술의 가치가 달라질 수 있다. 예를 들어 유사 기술이라도 특허권의 범위에 따라, 상업화까지 추가로 필요한 연구 개발에 따라, 기능의 우수성에 따라, 기술의 독점권 범위에 따라 평가되는 기술의 가치가 달라진다.

시장 접근법은 과거 거래 사례를 기반으로 하는 만큼 활발한 기술 거래가 이루어지는 분야에서 적용할 수 있다. 또한 이 방법을 적용하려면 유사한 기술 거래 사례를 많이 확보하는 것이 중요하다. 우리나라에서는 기술 거래를 촉진하고자 국가 지식 재산 거래 플랫폼을 운영하고 있으며, 기술 보유자가 팔고 싶은 지식 재산을 등록하는 과정에서 다른 거래 건을 참고해 가격을 책정할 수 있도록 지원하고 있다.

수익 접근법

일반적으로 자산의 가치는 해당 자산이 미래 창출할 것이라 예상되는 수익을 기준으로 평가된다. 이를 기술에 적용한 것이 수익 접근법(cost approach)이다. 수익 접근법에서는 해당 기술이 향후 몇 년 동안 사용될 것인지, 그 기간에 현금 흐름이 어떻게 될 것인지, 그 현금 흐름에 있어 기술의 기여도가 어느 정도인지를 추정해 기술의 가치를 평가한다. 다만 미래의 현금 흐름은 불확실하므로, 이를 현재의 가치로 계산할 때는 그 불확실성을 반영해 금액을 낮춰 계산한다. 금액을 얼마나 낮출지를 결정하는 비율을 할인율이라 하며, 기술의 불확실성이 클수록 할인율도 더 높아진다.

수익 접근법은 과거 발생했던 수익을 평가할 때도 사용할 수 있다. 앞선 청색 LED 기술에 있어 재판부는 1994년부터 2010년까지 니치아 화학공업에서 LED 관련 총 1.2조 엔의 매출이 발생했으며, 그중 청색 LED 기술의 기여도를 50퍼센트, 나카무라 슈지가 개발한 기술의 기여도는 다시 50퍼센트라 판단했다. 이익률이 약 20퍼센트임을 고려했을 때, 나카무라 슈지가 개발한 청색 LED 기술로 인한 수익은 600억 엔이 된다.[13-6] 이처럼 수익 접근법은 기술이 적용될 제품이나 서비스가 어느 정도 결정되었을 때 비교적 정확한 값을 산출할 수 있으므로 상업화 기술에 적용할 수 있는 방법이다.

불확실성을 고려한 접근법

기술 가치 평가는 기술이 제품이나 서비스에 적용된 시점에서 이루어지기도 하지만 기술 개발을 시작하는 단계에서도 이루어질 수 있다. 이때 기술과 관련된 미래 현금 흐름을 추정하기는 절대 쉽지 않다. 현금 흐름은 기술 개발 성공 여부, 미래 시장 상황, 기술 개발비 변동 등 다양한 불확실성을 포함한다. 또한 기업은 기술 개발과 상업화 과정에서 미래 환경 변화에 맞춰 추가 투자, 투자 연기, 투자 중단, 기술 라이센싱 등 유연한 의사 결정을 내릴 수 있다.

기술 가치를 정확히 평가하기 위해서는 기술 개발과 상업화 과정에서 발생할 수 있는 불확실성과 유연한 의사 결정 과정을 고려할 필요가 있다. 따라서 기술 가치 평가 모형은 현실을 더욱 적절히 반영할 수 있는 방향으로 제안되고 있다. 첫째, 불확실성을 고려하기 위해서는 다양한 시나리오를 설정하고 시뮬레이션(모의 실험)을 통해 각 시나리오의 기술 가치를 평가하는 방법이 적용될 수 있다.

둘째, 유연한 의사 결정을 고려하기 위해 기술 개발 과정을 여러 단계로 나누고 각 단계에서 선택 가능한 의사 결정 내용을 분석한 뒤, 조건별로 가장 바람직한 의사 결정과 기대되는 현금 흐름을 도출해 볼 수 있다. 예를 들어 A 기술을 제품에 적용하는 과정에서 추가적인 기술 개발이 필요하다고 가정하고, 이를 시작품, 실용화, 양산의 세 단계로 구분해 보자. 시작품 제작 결과에 따라 실용화 단계를 지속할 것인지가 결정되고, 실용화 단계가 종료된 시점의 시장 상황에 따라 양산 단계의 진행 여부가 결정될 수 있다. 즉 단계별 의사 결정 결과에 따라 기술과 관련된 미래의 현금 흐름이 달라질 수 있으므로 이를 반영하는 것이다.

마지막으로 금융 시장에서의 옵션 평가 기법을 기술 가치 평가에 응용해 미래의 불확실성과 유연한 의사 결정을 고려할 수도 있다. 특히 신약 개발과 같이 기술 개발에 오랜 시간이 소요되거나 에너지 기술과 같이 정부 정책이 영향을 주는 경우, IT 기술과 같이 시장과 경쟁 상황에 따라 추가 투자 여부가 결정되는 상황에서는 불확실성과 유연한 의사 결정을 고려하는 접근법이 적절하다.

기술 가치 평가는 언제부터 시작되었을까?

18~19세기, 산업 혁명기 기술은 생산성 향상과 원가 절감에 기여하며 경제적 가치를 창출하기 시작했고, 이를 보호하기 위한 제도로 특허가 도입되었다. 20세기 초 모라비아 태생의 미국 경제학자 조지프 알로이스 슘페터(Joseph Alois Schumpeter)는 혁신이 경제 성장의 핵심 동력이라 주장하며 혁신에 있어 기술의 중요성을 강조했으며, 이 시기 기술 투자가 확대되며 경제학적 기술 가치 평가의 필요성이 대두되었다. 그러나 기술 가치 평가가 본격적으로 시작된 것은 20세기 중반이라 할 수 있다. 제2차 세계 대전 이후 전세계적으로 연구 개발에 막대한 자금을 투입하고 기술 거래 또한 활발해져 기술 자산의 가치 평가가 중요해지며 여러 방법론이 제안되기 시작했다. 20세기 후반부터 본격적인 지식 기반 사회가 도래하며 기술 가치 평가가 더욱 주목받고 있다. 최근에는 기술과 같은 전통적인 무형 자산 외에도 브랜드, 데이터 등의 자산도 평가 대상에 포함되고 있다.

기술 가치 평가의 미래

기업 가치는 토지, 건물과 같은 유형 자산뿐 아니라 기술과 같은 무형 자산에 의해서도 결정된다. 특히 최근 들어 아이디어나 기술,

데이터의 중요성은 더욱 커지는 추세다. 따라서 기술이 뛰어난 주식 종목을 고르고자 한다면 해당 기업이 보유한 기술의 가치를 평가해 볼 수 있다. 기술에 가격을 매길 수 있다면 기술만 사고 파는 것도 가능한 시대가 머지않아 올 것으로 기대한다. 이러한 기술 가치 평가는 최근 크게 다음과 같은 두 가지 방향으로 발전하고 있다.

AI 및 빅데이터의 활용

주로 소수 전문가에 의존해 진행되던 기존의 전문가 중심 평가 방법에서, 최근에는 AI와 빅데이터를 활용해 평가의 신뢰성과 객관성을 높이는 방향으로 기술 가치 평가가 진화하고 있다. 기술 가치 평가를 위해서는 기술의 경제적 수명, 미래의 현금 흐름, 기술 기여도, 할인율 등 다양한 요소를 추정해야 한다. 가능한 한 정확한 추정을 위해서는 이를 뒷받침할 근거가 필요하다. 기술, 시장에 대한 빅데이터 분석을 통해 이러한 근거 자료를 확보할 수 있다. 예를 들어 특허 출원 동향을 파악하면 유망 기술을 파악할 수 있고 평가 대상 특허와 유사한 기술을 도출할 수 있다. 특정 기술이 미디어에서 얼마나 언급되는지 파악함으로써 대중의 관심을 살펴볼 수도 있다.

한편 AI 기술은 미래 유망 기술을 예측할 수 있도록 지원한다. 과거 우수한 성과를 거둔 기술이 개발되던 당시의 특성을 학습하면 새롭게 개발하고자 하는 기술의 미래 성과의 예측이 어느 정도 가능하다. 이에 특허의 유망성을 예측하는 AI 알고리듬, 유망 분야를 찾아 주는 AI 알고리듬이 현재 활발히 개발되고 있다. 향후 기술의 혁신성, 시장성, 사업성 평가를 지원하는 AI 및 빅데이터 분석 기술의 활용은 늘어날 것이다.

기술 가치 평가 신뢰성 제고

기술 간, 산업 간 융합이 가속화되고 산업 생태계의 중요성이 더욱 강조됨에 따라 기술 가치 평가의 필요성은 더욱 커질 것으로 기대된다. 신뢰할 수 있는 기술 가치 평가는 기술 개발자의 기술 개발 의욕을 높이고 기술 구매자가 경쟁력 있는 기술을 적시에 확보할 수 있도록 돕는다. 지금처럼 빠르게 변화하는 기술 환경에서 기업은 필요한 모든 기술을 자체적으로 개발할 수 없으므로 외부의 우수 기술을 발굴하고 확보하려는 노력을 끊임없이 기울인다. 더불어 기술 가치 평가가 필요한 상황을 더욱 빈번히 발생할 것이다. 또한 기술 가치 평가는 기술 금융 시장을 활성화해 우수한 기술을 보유한 창업 기업들이 성장할 수 있는 환경을 지원하며, 기술 이전과 사업화를 촉진해 국가 경쟁력을 강화하는 데에도 중요하다. 앞으로 기술 가치 평가의 표준화와 신뢰성 제고를 위한 노력은 계속될 것으로 전망된다.

산업공학과 기술 가치 평가

산업공학은 오랜 기간 기업의 프로세스를 혁신하기 위한 과학적 이론과 실무적 기법을 다루어 왔다. 향후 기술 가치 평가 프로세스를 체계화하고 기술 투자와 관련된 과학적, 공학적 의사 결정을 지원하는 데 중요해질 것이다. 특히 시스템 관점에서 기술의 활용 영역과 기여도를 파악하고, 미래 불확실한 현금의 흐름을 통계적 접근법과 데이터 분석 기법에 기반해 예측하며 기술 거래와 관련된 최적의 의사 결정을 지원하는 방법론 등 기술 가치 평가에 있어 산업공학의 적용 방안은 다양하며, 향후 기술 가치 평가의 신뢰성을 제고하는 핵심적 접근법으로 주목받고 있다.

이성주(서울대학교 산업공학과 교수)

14 | 일상 속 확률과 통계적 추론

추론이란 무엇인가?

추론은 주어진 정보를 바탕으로 논리적인 결론을 내리는 과정이다. 예를 들어 구름이 잔뜩 낀 하늘을 보고 "비가 올 것 같으니 우산을 챙겨야겠다."라고 생각하는 것도 추론이다. 추론에는 크게 두 가지 방식이 있다.

연역적 추론: 확실한 논리로 답을 내리기

연역적 추론은 명확한 전제를 바탕으로 결론을 도출하는 방법이다. 고대 철학자 아리스토텔레스가 제시한 삼단논법이 대표적인 예다.

- 모든 사람은 죽는다.
- 소크라테스는 사람이다.
- 그러므로 소크라테스는 죽는다.

이 논리는 전제가 참이라면 결론도 반드시 참이 된다. 연역적 추론은 논리적이며, 컴퓨터 프로그램이나 전자 회로 설계에서도 사용된다.

귀납적 추론: 경험에서 답을 유추하기

귀납적 추론은 과거 경험을 바탕으로 결론을 예상하는 방법이다. 예를 들어 "날씨가 흐리면 비가 올 가능성이 크다."라고 추론하는 것은 상식적으로 그럴듯하다. 하지만 흐린 날씨(사건 B)가 비(사건 A)를 반드시 의미하지는 않는다. 이처럼 귀납적 추론은 완벽히 정확하지 않지만 일상적인 의사 결정에서 자주 활용된다.

확률이란 무엇인가?

확률은 특정 사건이 발생할 가능성을 숫자로 표현한 것이다. 숫자가 0에 가까울수록 그 일이 일어날 가능성이 작고 1에 가까울수록 가능성이 크다. 예를 들어 동전을 던졌을 때 앞면이 나올 확률은 0.5(50퍼센트)이다.

추론을 위한 확률의 규칙

우리는 추론할 때 어떤 일이 더 그럴듯하거나 덜 그럴듯한지 평가하며 이를 가능성의 정도로 판단한다. 이 과정은 이전 경험에 크게 의존하며 새로운 정보를 통해 계속 갱신된다. 이런 추론은 무의식적으로, 빠르게 이루어지며 상식으로 축적되어 이후 판단에 활용된다.

과학적 추론에서 특정 사건의 가능성을 할당하는 문제는 학자들 사이에서 오랫동안 논의되었는데 빈도주의(Frequentism)와 베이즈주의(Bayesian) 접근법 간의 논쟁도 있었다. 이를 해결하기 위해 다음 세 가지 기본 전제만으로 확률의 합과 곱의 법칙을 유도할 수 있다.[14-1]

- 어떤 사건 A가 일어날 가능성(확률)을 실수($0 \leq P(A) \leq 1$)로 표현하고,
- 그럴듯한 추론(상식)에 부합하며,
- 일관성(서로 다른 방법으로 도출된 결론은 동일)을 유지한다.

이는 과학적 추론과 통계적 추론의 간극을 없애고, 더 폭넓게 활용할 수 있는 논리적 도구를 제공한다.

확률의 합의 규칙, 이거나 저거나: 어떤 사건 A 또는 B가 일어날 확률은 다음과 같이 계산한다.

$$P(A \cup B) = P(A) + P(B) - P(A \cap B)$$

주사위를 던졌을 때 4 또는 5가 나올 확률은 1/6＋/6＝2/6이다. 하지만 둘 다 동시에 나올 수 없으니 교집합 확률은 0이다.

확률의 곱의 규칙, 동시에 발생할 확률: 두 사건 A와 B가 동시에 발생할 확률은 다음과 같다.

$$P(A \cap B) = P(A) \times P(B|A)$$

주머니에 빨간 공과 파란 공이 각각 2개씩 있을 때 빨간 공을 뽑고 다시 빨간 공을 뽑을 확률은 첫 번째 빨간 공을 뽑을 확률 2/4에 두 번째 빨간 공을 뽑을 확률 1/3을 곱한 값, 2/12＝1/6이다.

확률과 빈도의 차이점

확률과 빈도는 비슷해 보이지만, 기본 전제와 적용 범위에서 큰 차이가 있다.

확률: 어떤 사건 A가 발생할 가능성을 우리의 지식이나 정보를 바탕으로 측정한 값으로, 새로운 정보를 얻으면 값이 달라질 수 있다. 확률은 반복 실험이 불가능한 상황에서도 적용할 수 있고 지식 상태를 반영하는 데 적합하다. (내일 비가 올 가능성을 예측할 때)

빈도: 사건 A가 실제로 얼마나 자주 발생하는지를 측정한 값으로, 실험을 반복할수록 일정한 값으로 수렴한다. 빈도는 반복 실험에서 계산하기 편리하며, 사건의 발생 비율을 측정할 때 유용하다. (주사위를 던져 6이 나올 확률을 실험으로 확인할 때)

결론적으로 빈도는 실제 데이터에 기반을 두고 사건의 비율을 측정하는 데 유용하지만 비반복적 상황이나 불확실한 정보를 다룰 때는 확률이 더 적합하다.

확률의 독립성: 앙투안 공보의 역설에서 유아 돌연사 증후군까지

조건부 확률과 독립

조건부 확률은 한 사건이 일어났을 때 다른 사건이 일어날 가능성을 나타낸다. 사건 B가 발생한 상황에서 사건 A가 발생할 조건부 확률은 다음과 같이 정의된다.

$$P(A\,|\,B) = P(A \cap B)/P(B)$$

한편 두 사건 A와 B가 독립적이라고 말하려면, 다음 관계가 성립해야 한다.

$$P(A \cap B) = P(A) \cdot P(B)$$

이는 두 사건이 서로 영향을 미치지 않음을 뜻한다. 독립적인 사건에서는 조건부 확률이 다음과 같이 단순화된다.

$$P(A|B) = P(A)P(A|B)$$

즉 B의 발생 여부가 A의 가능성에 아무런 영향을 주지 않는다.

앙투안 공보의 역설

1654년 프랑스 작가 앙투안 공보(Antoine Gombaud)는 두 가지 베팅 상황이 동일한 빈도로 발생한다고 믿었다.[14-2]

- 사건 A: 주사위 1개를 4번 던져 6이 한 번 나오는 것.
- 사건 B: 주사위 2개를 24번 던져 두 주사위 모두 6이 나오는 것.

이 문제는 유명한 수학자 블레즈 파스칼(Blaise Pascal)과 피에르 드 페르마(Pierre de Fermat)에 의해 풀렸으며, 그들은 현대 확률 이론의 기초를 세우면서 사건 A가 사건 B보다 더 가능성이 크다고 증명했다.

사건 A와 B의 확률은 다음과 같이 계산된다.

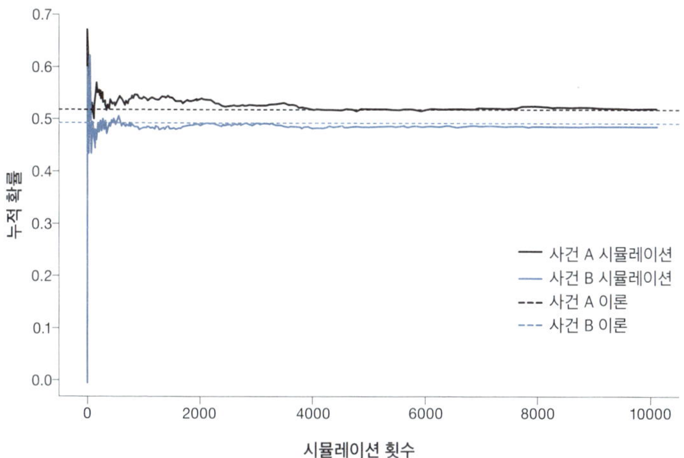

그림 14-1. 앙투안 공보의 역설 시뮬레이션.

$$P(A) = 1 - (5/6)^4 = 0.518$$

$$P(A) = 1 - (35/36)^{24} = 0.491$$

즉 사건 A가 사건 B보다 약간 더 높은 확률로 발생한다. 컴퓨터 시뮬레이션에서도 수천 번의 반복 시행 결과 사건 A가 조금 더 나은 선택이라는 사실이 드러났다.

독립적이지 않은 사건: 유아 돌연사 증후군

의학적으로 미스터리한 유아 돌연사 증후군(sudden infant death

syndrome, SIDS)은 특정 가정에서 2명 이상의 아기가 돌연사할 확률을 논의하며 독립성의 개념이 잘못 사용된 사례다.[14-3] 한 아기가 자연적 원인으로 돌연사할 확률은 약 1/8500이다. 따라서 2명의 아기가 독립적으로 돌연사할 확률은 다음과 같다.

$$P(둘\ 다\ 사망) = (1/8500)^2 = 1/72250000$$

이 값은 매우 낮아 보이며, 이를 근거로 일부 법정에서는 가정 내 돌연사가 독립적으로 발생할 가능성을 배제하고 학대를 의심했다. 그러나 유전적 요인 등 다른 요소가 관련될 수 있다는 점에서 사건들이 독립적이지 않을 가능성이 크다. 이에 따라 2004년 영국에서는 관련된 여러 사건을 재심했다.

베이즈 정리: 새로운 정보를 반영하기

베이즈 정리는 기존 정보(사전 확률)와 새로운 정보(증거)를 결합해 결과의 가능성을 업데이트하는 방법이다. 공식은 다음과 같다.

$$P(A|B) = P(B|A)P(A)/P(B)$$

어떤 질병에 걸릴 확률이 1퍼센트라고 가정하자. 이 질병의 검사 정확도가 95퍼센트라면 양성 결과가 나왔을 때 정말로 질병에 걸렸을 확률은 어떻게 될까?

- 질병에 걸릴 확률: $P(A) = 0.01$
- 질병이 있을 때 양성일 확률: $P(B|A) = 0.95$
- 질병이 없을 때도 양성일 확률(오탐): $P(B|\overline{A}) = 0.05$

베이즈 정리를 사용하면 실제로 질병에 걸렸을 확률은 약 16퍼센트로 계산된다. 이처럼 베이즈 정리는 단순한 결과를 넘어 진짜 가능성을 파악하는 데 유용하다.

도박사의 오류와 룰렛 게임

독립성에 대한 오해

도박사의 오류(Gambler's Fallacy)는 확률적 독립성을 이해하지 못할 때 발생한다. 가장 간단한 예로 동전 던지기가 있다. 동전을 여러 번 던졌을 때, 앞면이 연속으로 10번 나왔다면 다음에는 뒷면이 나올 가능성이 더 크다고 믿는 경향이 도박사의 오류다. 하지만 동전 던지기의 각 시행은 독립적이기 때문에 다음 시행에서도 앞면과 뒷면이 나올 확률은 여전히 50퍼센트다.

　대니얼 카너먼(Daniel Kahneman)은 핫 핸드(hot hand) 사례를 통해 이러한 편향의 일상적인 표현을 보여 주었다.[14-4] 농구 경기에서 선수의 슛 성공이 연속적으로 발생하면 팬들은 해당 선수가 다음 슛에서도 성공할 가능성이 크다고 믿는다. 그러나 실제 데이터를 분석한 결과 이전 슛 성공 여부와 다음 슛 성공률 간의 상관 관계는 거의 없었다. 이는 사람들이 무작위성을 과대 해석하거나 특정 패턴을 찾으려는 경향에서 비롯된다.

도박사의 오류와 룰렛 게임

룰렛 게임에서 연속으로 검은색이 나왔을 때, "이번에는 빨간색이 나올 차례다."라고 생각하는 경우가 여기에 해당한다. 하지만 룰렛의 결과는 무작위이고, 각각의 회차는 독립적이기 때문에 빨간색이 나올 확률은 여전히 같다.

룰렛 게임의 구조와 확률: 룰렛은 38개의 눈금을 가진 원판으로, 빨간색과 검은색 숫자 칸이 번갈아 배치되어 있다. 추가로 녹색으로 표시된 0과 00이 포함되어 카지노가 유리하게 설계되어 있다.

베팅 확률과 배당률: 각 베팅의 확률과 배당률을 계산하면 카지노는 도박사들이 베팅할수록 평균적으로 손해를 보도록 설계되어 있음을 알 수 있다.

- 숫자 하나에 베팅: 확률: $1/38$ → 배당률: 36배
- 두 숫자에 베팅: 확률: $2/38$ → 배당률: $36/2 = 18$배
- 한 열(12칸)에 베팅: 확률: $12/38$ → 배당률: $36/12 = 3$배

연속 검은색 사건: 룰렛알이 6번 연속으로 검은색 칸에 멈췄다고 가정해 보자. 이 상황에서 도박사들은 "다음에는 빨간색이 나올 가능성이 크다."라고 잘못 믿고 빨간색에 베팅하는 경향이 있다. 그러나 룰렛의 결과는 각 회차가 독립적이기 때문에 다음 회차에서도 빨간색과 검은색의 확률은 같게 유지된다.

룰렛 바퀴의 편향과 검증[14-5]

몬테카를로의 밤: 1913년 8월 18일, 몬테카를로의 한 카지노에서 룰렛알이 26번 연속으로 검은색 칸에 멈췄다. 이 사건은 당시 언론에 대대적으로 보도되며 "룰렛의 신비"로 불렸다. 그러나 결국 이 기록은 단순히 기자들이 숫자를 날조한 것으로 밝혀졌다.

칼 피어슨의 분석: 통계학자 칼 피어슨(Karl Pearson)은 특정 룰렛에서 1만 6000번의 시행 중 빨간색이 50.15퍼센트 발생한 데이터를 분석했다. 그는 이 차이가 단순히 우연에 의해 생길 가능성을 계산하기 위해 기대되는 분산과 실제 데이터 간의 차이를 비교하고 이 비율의 차이가 통계적으로 우연에 의한 범위 내에 있다고 결론지었다. 룰렛의 결과가 무작위적임을 보여 주는 대표적인 사례다.

앨런 윌슨의 연구: 1948년, 앨런 윌슨(Allan Wilson)은 룰렛 바퀴의 회전 결과를 수천 번 기록해 숫자 "19"가 통계적으로 더 자주 나온다는 사실을 밝혔다. 그러나 이 편향은 충분히 자주 발생하지

않았기 때문에 실질적인 이익을 얻기 어렵다고 결론지었다.

룰렛에서 기술적 접근: 도박사의 지혜

소프와 섀넌의 세계 최초 웨어러블 머신: 통계 물리학자 에드워드 O. 소프(Edward O. Thorp)와 정보 이론의 선구자 클로드 섀넌(Claude Shannon)은 초기 컴퓨터 기술을 활용해 룰렛 게임을 연구했다. 그들은 신발 속에 숨겨 놓은 착용형 컴퓨터(wearable computer)로 룰렛알의 회전 속도와 궤적을 분석해 특정 숫자가 나올 가능성을 계산했다. 이 방법으로 수익을 올리는 데 성공했지만, 카지노 규제로 인해 장비 사용이 금지되었다.[14-6]

유대몬스의 연구: 또 다른 연구팀 유대몬스(Eudaemons)는 룰렛알의 초기 위치와 속도를 스톱워치로 측정해 특정 칸에 멈출 가능성을 예측했다. 무작위 선택보다 18퍼센트 높은 정확도를 기록하며 수익을 올렸으나 날씨 변화나 환경적 요인으로 인해 안정적인 수익을 유지하기는 어려웠다.

룰렛은 무작위성과 확률의 본질을 파악하기에 더할 나위 없는 예시다. 흔히 겪는 '도박사의 오류' 같은 심리적 편향 탓에 우리의 확률적 사고는 자주 왜곡되곤 한다. 룰렛 휠이 조작되지 않았다는 전제하에 모든 시행은 독립 사건이므로, 과거의 데이터가 미래의 결과에 아무런 영향을 끼치지 못한다. 이러한 원리를 체득한다면 일상의 선택지 앞에서도 확률적인 접근이 가능해진다. 이는 막연한 운에 기대기보다 논리적이고 체계적인 판단을 내리는 데 큰 기반이 된다.

대표성 편향: 계산보다 직관을 믿는 함정

매일 마주하는 선택의 순간, 우리의 결정은 실제 확률과 동떨어질 때가 많다. 냉철한 통계적 계산보다는 즉흥적인 직관에 기대는 성향이 강해서다. 이처럼 감각적인 직관과 객관적 확률 사이의 간극을 살펴보면 인간이 왜 종종 비합리적인 결정을 내리는지 명확한 단서를 찾을 수 있다.

대표성 편향은 통계적 확률 대신 직관적 특성에 의존해 판단할 때 발생하는데, 「톰W의 전공을 맞춰라」 실험에서 잘 나타난다.[14-7] 실험에서는 "톰W는 질서정연하고 체계적인 사고를 중시하며 타인과 어울리는 것을 좋아하지 않는다. 그는 내향적이고 분석적이며 창의성은 부족하지만 지능이 높다."라는 정보를 제공했다.

9개의 전공(경영학, 자연 과학, 공학 등) 중 톰W가 속할 가능성이 가장 큰 전공을 선택하라고 요청하자 참가자 대부분은 자연 과학이나 공학과 같은 특정 전공을 선택했다. 톰W의 특징이 해당 전공자들에 대한 고정관념과 부합했기 때문이다. 그러나 학교에서의 실제 전공자 비율을 고려했을 때 톰W가 인문학이나 사회 과학을 전공할 가능성이 더 컸는데, 사람들이 사전 확률(base rate)을 무시하고 겉으로 드러난 정보만을 과도하게 활용하는 경향을 보여준다. 「톰W의 전공을 맞춰라」 실험을 수학적으로 고찰해 보자.

문제의 구조: 조건부 확률로 설명하기

이 실험의 핵심은 참가자들이 주어진 정보를 바탕으로 톰W가 특정 전공에 속할 확률을 평가해야 했다는 점이다. 확률 법칙으로 분석하면 조건부 확률의 형태로 표현할 수 있다. 톰W가 특정 전공(자연 과학)일 확률은 베이즈 정리를 통해 다음과 같이 계산된다.

$$P(\text{자연 과학} \mid \text{톰W의 특성})$$
$$= P(\text{톰W의 특성} \mid \text{자연 과학}) \cdot P(\text{자연 과학}) / P(\text{톰W의 특성})$$

대표성 편향의 작동 방식

대표성 판단: 참가자들은 $P(\text{톰W의 특성} \mid \text{자연 과학})$에 집중한다. 즉 자연 과학 전공자들에 대한 고정관념과 톰W의 특성이 얼마나 잘 맞아떨어지는지를 평가한다. 톰W는 질서정연함, 체계적 사고, 내향성 등의 특성이 있다. 이 특성은 자연 과학 전공자에 대한 일반적인 고정관념과 부합한다. 이로 인해 참가자들은 직관적으로 톰W가 자연 과학 전공자일 가능성이 크다고 판단한다.

사전 확률 무시: 그러나 $P(\text{자연 과학})$, 즉 자연 과학 전공자의 사전 확률(base rate)은 실제로 매우 낮을 수 있다. 인문 대학 전체에

서 자연 과학 전공자가 차지하는 비율은 인문학이나 사회 과학 전공자 비율보다 훨씬 낮은 경우가 일반적이다.

사후 확률 왜곡: 참가자들은 베이즈 정리의 분모 P(톰W의 특성)를 정확히 계산하지 않는다. 즉 톰W와 같은 특성을 가진 학생이 모든 전공에서 나타날 가능성을 충분히 고려하지 않고 단순히 특정 전공에 대한 대표성에 기반해 판단한다.

확률로 보는 실제 가능성 비교

사전 확률: 대학 내 전공 분포가 인문학(40%), 사회 과학(30%), 자연 과학(5%), 공학(10%), 기타(15%)라고 가정하자.

특성 조건부 확률: 각 전공에서 톰W와 유사한 특성을 가진 학생의 비율이 인문학(10%), 사회 과학(15%), 자연 과학(50%), 공학(40%), 기타(5%)라고 가정하자.

사후 확률 계산(베이즈 정리를 적용): P(톰W의 특성)는 모든 전공에서 톰W와 같은 특성을 가진 학생들의 전체 비율로 계산된다.

$$P(\text{톰W의 특성}) = \sum_i P(\text{톰W의 특성} \mid \text{전공}i) \cdot P(\text{전공}i)$$

각각의 사후 확률: 다음 계산 결과 P(자연 과학|톰W의 특성)는 직관적으로 높아 보이지만, 실제로는 낮은 사전 확률 P(자연 과학) 때

문에 인문학이나 사회 과학 전공의 사후 확률이 더 높을 가능성이
있다.

$$P(\text{인문학} \mid \text{톰W의 특성}) = 0.1 \cdot 0.4 / P(\text{톰W의 특성})$$
$$P(\text{자연 과학} \mid \text{톰W의 특성}) = 0.5 \cdot 0.05 / P(\text{톰W의 특성})$$

확률적 사고의 중요성

도박사의 오류와 대표성 편향은 우리가 일상적으로 직면하는 수
많은 판단과 결정에 영향을 미친다. 이를 극복하기 위해서는 다음
과 같은 전략이 필요하다.

사전 확률의 중요성 이해: 의사 결정을 내릴 때, 사건의 기본 확률
을 고려하고 이를 판단에 반영해야 한다. 예를 들어 특정 직업군
의 분포를 이해하는 것은 편향된 결정을 피하는 데 도움이 된다.
특히 사전 확률이 낮은 경우, 조건부 확률이 높아도 최종 확률(사
후 확률)이 낮을 수 있다는 점을 기억해야 한다.

직관에 의존하지 않기: 특정 특성이 어떤 결과를 "대표적"으로
보이게 만든다고 해서, 그것이 실제로 큰 가능성을 의미하지는 않
는다. 직관보다는 객관적 사실과 논리에 기반한 판단이 중요하다.

통계와 확률에 대한 학습: 확률과 통계의 기본 개념을 배우는 것
은 잘못된 직관적 판단을 보완하는 데 큰 도움이 된다. 이를 통해

우리는 불확실성을 더 잘 다룰 수 있다.

데이터 기반의 접근: 주관적인 감정이나 편견을 줄이고, 객관적인 데이터와 분석을 기반으로 한 의사 결정 방식을 채택해야 한다.

확률적 사고는 단순히 숫자를 다루는 것이 아니라, 우리의 판단과 선택을 더 체계적이고 논리적으로 만든다. 날씨를 보고 우산을 챙기거나 데이터를 바탕으로 중요한 결정을 내리는 것처럼, 확률적 사고는 불확실한 상황에서도 더 나은 선택을 가능하게 한다.

결론적으로 확률은 과학, 기술, 비즈니스, 일상 생활까지 다양한 분야에서 중요한 역할을 한다. "이 일이 일어날 가능성이 얼마나 있을까?"라는 간단한 질문에서 출발하는 확률적 사고는 삶을 논리적이고 효율적으로 만들어 주는 강력한 도구다. 이 점을 이해하고 활용하면 더 합리적이고 현명한 결정을 내릴 수 있다.

이재욱(서울대학교 산업공학과 교수)

핀테크: 미래 금융의 시작

핀테크란 무엇인가?

핀테크(fintech)란 금융(finance)과 기술(technology)이 결합된 용어로, "기술 혁신을 통해 전통적인 금융 방식에 도전하고 더 나은 금융 상품과 서비스를 개발"하는 데 초점을 맞춘 분야다. 핀테크는 단순히 금융 기술이 발전하는 것 이상을 의미한다. 이 새로운 흐름은 더 효율적이고 편리한 금융 서비스 제공을 목표로, 다양한 기술을 통해 고객 경험을 혁신하고 비용을 절감하고 있다. 스마트폰만 있으면 은행 지점에 가지 않고도 계좌를 개설하거나 송금을 할 수 있는 디지털 뱅킹은 핀테크의 대표적인 사례다. 이러한 변화는 일상 생활 속 금융 경험을 점점 더 간편하고 빠르게 만들어 가고 있다.

핀테크의 핵심 ABC

핀테크의 혁신은 크게 세 가지 핵심 기술, 즉 AI, 블록 체인(blockchain), 사이버 보안(cybersecurity)으로 요약할 수 있다.

AI(인공지능): 방대한 데이터를 학습해 숨겨진 패턴을 읽어내고, 이를 토대로 개인별 맞춤 솔루션을 제시한다. 예컨대 실시간으로 대응하는 AI 챗봇은 은행이나 보험사의 업무 효율을 극대화하고 있다. 이렇게 자동화된 시스템은 시간과 비용을 절약하고 실수를 최소화하는 데 도움이 된다.

블록 체인: 거래 내역을 분산된 원장에 기록해 변경 불가능하고 검증 가능한 방식으로 저장함으로써 투명성과 신뢰성을 제공한다. 은행 같은 중개자가 없어도 서로 믿고 거래할 수 있는 환경을 만들고, 특히 사전에 설정된 요건에 부합하는 즉시 실행되는 '스마트 계약' 기술은 불필요한 중개 절차를 줄여 금융 서비스의 혁신을 이끌고 있다.

사이버 보안: 금융은 개인의 민감한 데이터를 다루기 때문에 보안이 무엇보다 중요하다. 핀테크는 멀티 팩터 인증(MFA)과 생체 인식 기술 등을 통해 고객의 데이터를 보호하고 끊임없이 진화하는 사이버 위협으로부터 안전한 금융 환경을 제공해야 한다.

핀테크가 바꾸는 투자 세계

핀테크는 이미 일상 속 금융을 바꾸고 있으며, 특히 투자 분야에서 그 변화가 두드러진다. 예를 들어 AI 트레이딩은 방대한 시장 데이터를 분석해 투자자들이 더 빠르고 정확한 결정을 내릴 수 있도록 돕는다. 또한 디지털 뱅킹은 은행, 증권 업무를 스마트폰 하나로 해결할 수 있게 만들어 누구나 금융 서비스를 쉽게 이용할 수 있도록 하고 자산 관리와 같은 복잡한 금융 업무 역시 간소화되고 있다. 이 모든 것은 단순히 기술의 발전이 아니라, 금융의 접근성과 효율성을 높이고 더 나은 고객 경험을 제공하는 미래 금융의 시작이다. 이제 핀테크가 투자 분야에서 어떤 혁신을 가져오고 있는지, 그리고 이 변화가 우리의 투자 방식에 어떤 영향을 미칠지 함께 살펴보자.

투자의 과학: 데이터와 수학의 만남

투자 공학(investment engineering) 또는 퀀트 투자(quantitative investing)는 수학적 모델과 데이터 분석 기법을 활용해 투자 결정을 최적화하는 분야이다. 자산 배분, 리스크 관리, 수익 극대화 등의 목표를 달성하기 위해 체계적이고 과학적인 접근 방식을 사용한다. 투자 공학의 핵심은 포트폴리오 관리로, 안정적이고 효율적인 투자 성과를 보장하는 방법을 연구한다.

마코위츠 평균－분산 접근법

투자할 때 늘 이런 질문을 하게 된다. "수익률을 높이면서도 위험을 줄일 수는 없을까?" 이를 해결하기 위해 등장한 것이 바로 마코위츠(Markowitz) 평균－분산 이론이다.[15-1] 이 이론은 투자 포트폴리오를 설계할 때 수익과 위험(리스크) 간의 균형을 맞추는 방법을 제시한다.

평균-분산 포트폴리오 최적화란?: 마코위츠 평균－분산 이론의 핵심은 리스크는 가능한 한 최소화하면서 원하는 수준의 수익률을 달성하는 것이다. 수학적으로 표현하면 다음과 같다.

$$\text{minimize} \quad \frac{1}{2} w^T \Sigma w$$
$$\text{subject to} \quad (1 - w^T 1) r_f + w^T \mu = \bar{r}_p$$

쉽게 말하면, 리스크 최소화는 투자 비중(각 자산에 얼마나 투자할지)을 조정해 여기서 목적식인 전체 포트폴리오의 리스크를 줄인다. 용어를 쉽게 풀어 보자.

- **포트폴리오 내 비중(w)**: 각 자산에 투자한 금액의 비율이다. 예를 들어 전체 투자금의 50퍼센트를 주식에, 50퍼센트를 채권에 투자했다면, 이 비율이 바로 $w = (0.5, 0.5)$이다.
- **자산 수익률의 공분산 행렬(Σ)**: 자산 간의 상관관계를 나타낸

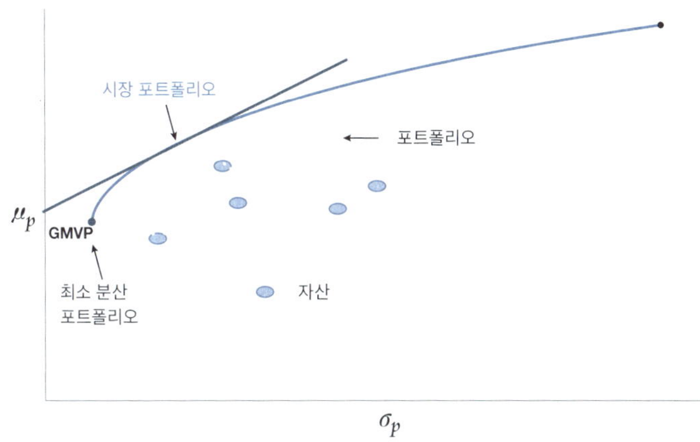

그림 15-1 효율적 프론티어.

다. 즉 하나의 자산 가격이 오를 때 다른 자산의 가격도 오르는지, 아니면 반대로 움직이는지를 측정한다.

- **자산의 기대 수익률 벡터**(μ): 각 자산에서 예상되는 평균적인 수익률이다. 예를 들어 주식의 기대 수익률이 8퍼센트, 채권이 3퍼센트라면 $\mu = (0.08, 0.03)$이다.
- **무위험 자산의 수익률**(r_f): 국채나 은행 예금처럼 리스크가 없는 자산의 수익률이다.
- **포트폴리오의 목표 기대 수익률**($\overline{r}_p$): 포트폴리오를 통해 달성하고자 하는 목표 수익률이다.

무위험 자산이 포함된 경우 무위험 자산이 포함되면 투자자는 효율적 프론티어(efficient frontier)라는 곡선 위에서 최적의 포트폴리오를 선택할 수 있다. 효율적 프론티어는 동일한 리스크에서 가장 높은 수익을 제공하는 포트폴리오 조합을 보여 준다.

이 과정에서 중요한 역할을 하는 것이 바로 샤프(Sharpe) 비율이다. 샤프 비율은 수익률 대비 위험의 효율성을 측정하는 지표이다. 예를 들어 샤프 비율이 높은 포트폴리오는 더 효율적인 포트폴리오이고 적은 위험으로도 큰 수익을 낼 가능성이 크다.

쉽게 생각해 보자.

- **리스크와 수익률의 균형**: 투자란 단순히 수익률만 높이는 것이 아니라, 그에 따르는 위험을 잘 관리하는 것도 중요하다. 예를 들어 어떤 주식이 높은 수익률을 보일 것 같지만 가격 변동이 심하다면, 채권 같은 안정적인 자산을 함께 포함시켜 위험을 줄일 수 있다.
- **다양한 자산에 투자하라**: 마코위츠 이론은 분산 투자의 중요성을 강조한다. 다양한 자산에 투자하면 한 자산의 손실이 다른 자산의 이익으로 상쇄되어 전체 리스크를 낮출 수 있다.
- **내 목표를 설정하라**: 당신이 원하는 수익률과 감당할 수 있는 위험 수준을 명확히 하는 것이 가장 중요하다. 무조건 높은

수익률만을 좇다 보면 큰 손실을 볼 수 있기 때문이다.

마코위츠 평균－분산 접근법은 투자자에게 리스크와 수익률의 최적 균형을 찾는 과학적인 방법을 제공한다. 이 이론은 단순한 직관에 의존하지 않고, 데이터를 기반으로 포트폴리오를 구성하도록 도와준다. 결과적으로 투자자는 자신에게 적합한 리스크와 수익률의 조화를 이루며 안정적인 투자를 할 수 있다.

로보어드바이저, 자산 운영업에 많이 쓰이는 블랙－리터만 모형

투자라는 퍼즐을 맞추기 위해서는 여러 조각이 필요하다. 시장 데이터를 분석해 객관적인 정보를 얻고, 동시에 자신의 직관과 경험에 기반한 주관적 판단도 중요하다. 1992년 피셔 블랙(Fischer Black)과 로버트 리터만(Robert Litterman)이 개발한 블랙－리터만(Black－Litterman) 모형은 바로 이 두 가지를 적절히 결합해 최적의 투자 결정을 내릴 수 있도록 도와주는 도구다.[15-2]

블랙-리터만 모형은 어떤 문제를 해결할까?: 전통적인 평균-분산 접근법은 강력한 도구이지만 몇 가지 단점이 있다. 첫째, 시장 데이터만을 신뢰하다 보면 투자자의 개인적인 판단과 경험이 반영되지 않을 수 있다. 둘째, 시장 데이터는 종종 변동성이 크거나 불완전할 수 있다.

블랙－리터만 모형은 이러한 문제를 해결하기 위해 객관적

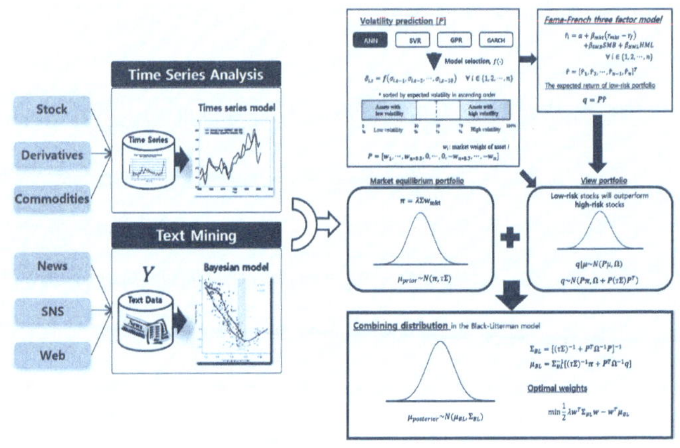

그림 15-2. 블랙—리터만 모형과 AI를 활용한 안정적 포트폴리오 관리.[15-3]

데이터(시장 데이터)와 주관적 견해(투자자의 판단)를 결합한다. 이를 통해 더 신뢰할 수 있는 투자 결정을 내릴 수 있게 한다.

블랙-리터만 모형의 세 가지 핵심 요소: 블랙—리터만 모형은 마치 커피 블렌딩과 같은데, 이 모델은 크게 세 가지 요소(그림 15-2)로 이루어져 있다.

- **암묵적 수익률**(implied returns): 시장 균형 상태에서 각 자산이 가질 것으로 예상되는 수익률이다. 기존 데이터를 기반으로 수익률을 계산하며, 시장 전체가 어떻게 평가되는지

에 대한 객관적인 정보를 제공한다. 커피 블렌딩에 비유하면, 원두의 기본 맛(시장 데이터)이다. 이 기본 맛은 객관적이지만, 모든 사람의 취향에 딱 맞지는 않다.

- **투자자의 견해(investor views)**: 특정 자산이나 시장에 대한 투자자의 주관적 전망이다. 예를 들어 "기술 주식이 앞으로 크게 오를 것 같다"라는 개인적인 판단이 포함된다. 투자자의 기대와 직관을 모델에 반영해 개인화된 투자 전략을 구축한다. 커피 블렌딩에 비유하면 설탕이나 우유 같은 첨가물로 개인적 취향에 따라 기본 맛을 더 풍부하게 만든다.
- **결합 수익률(expected returns)**: 암묵적 수익률과 투자자의 견해를 가중 평균으로 결합해 도출된 최종 예상 수익률이다. 모델이 객관적 데이터를 기반으로 하면서도 투자자 의견을 반영해 최적의 포트폴리오를 추천한다. 커피 블렌딩에 비유하면, 이 둘이 어우러져 만들어진 최종 커피 한 잔이다. 개인 입맛에 맞추면서도 커피의 본질을 유지한다.

블랙-리터만 모형은 "시장 데이터와 개인의 판단을 결합해 투자 결정을 내리는 방법"이라고 요약할 수 있다. 이 모델은 객관적인 분석과 개인적인 통찰 사이의 균형을 찾으려는 투자자들에게 강력한 도구를 제공한다. 결국 이 모델은 "데이터를 활용하되, 자신의 판단을 믿어야 한다"는 점을 강조한다. 복잡한 금융 세계에서도 다중 요인 자산 가격 모델과 결합해 나만의 전략을 세우고[15-4] 동시에 개인 정보를 안전하게 보호할 수 있는 길을 제시한다.[15-5]

투자와 인간의 본성: 뉴턴과 원숭이의 교훈

별의 움직임은 계산할 수 있지만, 인간의 광기는 계산할 수 없다

1700년대, 천재 물리학자 아이작 뉴턴(Isaac Newton)은 우주의 질서를 수학적으로 설명하며 인류 역사에 큰 족적을 남겼다. 하지만 이런 뉴턴조차도 금융 시장에서 고개를 숙였던 순간이 있었다. 그는 자신의 투자 실패에 대해 이렇게 말했다. "나는 천체의 움직임은 계산할 수 있지만, 인간의 광기는 계산할 수 없다." 뉴턴은 당시 큰 주목을 받았던 사우스 씨 거품(South Sea Bubble)이라는 투기적 투자 붐에 휘말렸다. 처음에는 신중하게 수익을 얻다가 감정에 휘둘려 더 많은 돈을 투자했다가 막대한 손실을 보았다. 뉴턴조차도 탐욕과 공포라는 인간 본성을 극복할 수 없었다.

원숭이도 투자할 수 있다?

1973년에 출간된 버턴 말킬(Burton Malkiel)의 『월가의 랜덤 워크(*A Random Walk Down Wall Street*)』[15-6]는 뉴턴의 경험과 비슷한 맥락에서 금융 시장을 풍자하며 한 가지 흥미로운 주장을 했다. "신문의 금융 면에 다트를 던지는 눈 가린 원숭이도 전문가가 신중하게 선택한 포트폴리오만큼 좋은 성과를 낼 수 있다." 이 말은 금융 시장의 예측 불가능성과 효율성을 강조한다. 투자 전문가들이 공들여 선택한 주식 포트폴리오도 결국은 시장 전체의 움직임에서 크게 벗어나기 어렵다는 점을 보여 준다. 즉 시장의 랜덤성과 효율성은 투자에 있어 인간의 직관이나 판단을 무력하게 만들 수 있다는 뜻이다.

왜 이런 일이 일어날까?

감정은 투자에 방해가 된다: 뉴턴이 경험한 것처럼, 인간은 투자의 냉철함을 유지하기 어려운 존재다. 시장이 급등하면 탐욕에 끌려 투자하고, 급락하면 공포에 사로잡혀 팔아 버리는 경우가 많다. 감정에 휘둘리지 않는 냉철한 태도를 유지해야 한다.

시장은 이미 효율적이다: 말킬은 효율적 시장 가설(efficient market hypothesis, EMH)을 주장한다. 이는 시장 가격이 이미 모든 정보를 반영하고 있기 때문에, 누구도 지속해서 시장을 이길 수 없다는 이론이다. 시장은 이미 정보를 대부분 반영하므로, 개별 주식을 예측하기보다는 분산 투자를 통해 리스크를 줄이는 것이 중요하다.

예측하기란 어렵다: 주식 시장은 너무 많은 변수에 의해 움직이기 때문에, 전문가의 예측조차 틀릴 수 있다. 말 그대로 랜덤 워크(random walk)처럼 시장은 무작위적으로 움직이는 경향이 있다. 단기적으로 시장의 변동성을 예측하려 하기보다는 장기적인 관점에

서 꾸준히 투자하는 것이 더 효과적일 수 있다.

챗지피티가 투자 결정을 개선할 수 있을까?

인공지능과 투자: 새로운 가능성의 시대

투자 세계는 이미 오래전부터 알고리듬과 퀀트 트레이딩 프로그램을 사용해 수익을 극대화하려 노력해 왔다. 그러나 최근 AI의 발전은 투자 방법에 새로운 가능성을 열고 있다. 그중에서도 챗지피티는 단순한 대화형 AI를 넘어, 투자 관리에서도 유용한 도구로 주목받고 있다.

챗지피티의 투자 실험, 정말 효과가 있을까? 최근 CNBC[15-7], 비즈니스 인사이더[15-8]에 소개된 한국의 두 학자(Ko & Lee, 2023)가 발표한 논문 「챗지피티가 투자 결정을 개선할 수 있을까? 포트폴리오 관리 관점에서」[15-9]에는 흥미로운 실험 결과가 담겨 있다. 연구진은 챗지피티에게 주어진 자산 중에서 투자 대상을 선택하도록 했고, 그 성과를 무작위 선택(랜덤 선택)과 비교했다. 결과는? 챗지피티가 더 나았다!

위험 조정 수익률: 챗지피티가 선택한 자산은 무작위 선택보다 리스크 대비 수익률이 더 높았다.

다양화 효과: 챗지피티의 선택은 포트폴리오를 더 균형 있게 구성해 분산 투자의 원칙을 잘 따랐다.

이를 통해 연구진은 챗지피티가 무작위로 자산을 선택하는 것보다 훨씬 나은 성과를 낸다는 결론을 내렸다. 단순히 다트를 던져 자산을 선택하는 것보다 챗지피티는 이미 더 나은 포트폴리오 관리자라는 뜻이다.

챗지피티는 투자에서 어떻게 활용될 수 있을까?

연구진은 챗지피티를 "투자자들의 공동 파일럿(co-pilot)"으로 표현했다. 이는 챗지피티가 투자자들에게 유용한 도구로 작동할 수 있지만 완벽한 예언자(prophet)는 아니라는 뜻이다. 즉 챗지피티가 모든 답을 주는 만능 도구는 아니지만, 투자 결정을 내릴 때 도움이 될 수 있다는 의미다. 어떻게 사용할 수 있을까?

자산 선택 조언: 챗지피티는 투자 가능한 자산 중에서 상대적으로 좋은 선택지를 제안할 수 있다.

포트폴리오 구성: 위험과 수익률을 조화롭게 고려해 포트폴리오를 더 다각화하는 방법을 추천할 수 있다.

의사 결정 보조: 챗지피티는 투자자가 간과할 수 있는 점들을 보여 주며, 새로운 관점을 제공할 수 있다.

하지만 챗지피티가 만능은 아니다. 연구진은 챗지피티를 맹신해서는 안 된다고 경고한다. 챗지피티는 과거 데이터를 기반으로 답을 제공하지만 미래를 정확히 예측할 수는 없다. 특히 시장의 갑작스러운 변화나 복잡한 금융 환경에서는 챗지피티가 충분히 대응하지 못할 수도 있다.

투자에서 챗지피티를 활용할 때 주의할 점은 다음과 같다.

직접적인 투자 결정을 맡기지 말 것: 챗지피티는 투자자의 판단을 보조할 뿐 최종 결정권은 투자자 본인에게 있다.

리스크 관리에 신경 쓸 것: 챗지피티가 추천한 자산이 항상 안전한 것은 아니므로, 다양한 시나리오를 고려해야 한다.

시장의 본질 이해: 챗지피티는 도구일 뿐 금융 시장의 복잡성을 완전히 대체할 수는 없다.

챗지피티는 투자 도구로 유용할까?

챗지피티는 투자 관리에서 흥미로운 가능성을 열었다. 연구 결과는 챗지피티가 무작위로 자산을 선택하는 것보다 훨씬 나은 결과를 보였고 위험 대비 수익률과 투자 다각화 측면에서도 우수한 성과를 냈다. 그러나 챗지피티는 아직 초기 단계에 있으며, 투자 결정을 완전히 대체할 수는 없다. 결국 챗지피티는 투자자에게 공동 파일럿 역할을 수행하며 데이터를 분석하고 새로운 아이디어를 제공하는 데 도움을 줄 수 있다. 투자자 본인의 판단력과 챗지피티의 기술을 조화롭게 활용한다면 더 나은 투자 결정을 내릴 가능성이 커질 것이다. 투자는 여전히 사람과 기술의 협업이 가장 중요한 영역임을 잊지 말아야 한다.

AI와 투자 심리: 데이터 속 감정을 읽다

비경제적 데이터를 활용하는 시대

투자 세계에서 과거에는 주로 경제 지표와 재무 데이터를 기반으로 결정을 내렸다. 하지만 오늘날 투자자들은 뉴스, 블로그, 소셜 미디어에서 나오는 감정(sentiment)과 같은 비경제적 데이터를 점점 더 활용하고 있다.

예를 들어 "트위터에서 특정 회사에 대한 긍정적인 감정이 높아지고 있다면, 해당 주식이 상승할 가능성이 크다."라는 식의 분석이 가능하다. 이런 접근법은 숫자뿐 아니라 사람들의 감정과 생각도 투자 의사 결정에 포함하는 새로운 시대를 열었다.

AI, 금융 데이터를 읽다

AI는 방대한 양의 데이터를 분석하고, 예측 모델을 구축하는 데 강력한 도구로 자리 잡았다. 특히 AI는 두 가지 종류의 데이터를 다룬다. 첫째, 주가, 거래량, 경제 성장률 등 숫자로 정리 된 전통적인 금융 데이터, 즉 구조화된 데이터이다. 둘째, 뉴스 기사, 블로그, 소셜 미디어 게시물 등 정리되지 않은 텍스트 데이터, 즉 비구조화된 데이터이다.

이 데이터를 활용해 AI는 다음과 같은 금융 문제를 해결한다.

다중 요인 자산 가격 모델: 여러 요인을 고려해 주식, 채권 등의

가격 예측.[15-10]

시계열 예측: 과거 데이터를 기반으로 미래의 가격 변화나 경제 지표 예측.[15-11]

글로벌 주식 시장 변동성 예측: 전 세계 시장에서 변동성이 어떻게 움직일지 분석.[15-12]

옵션과 파생 상품 예측: 복잡한 금융 상품의 가치 예측.[15-13]

AI가 금융에 더하는 가치

AI는 단순히 숫자를 계산하는 데서 끝나지 않는다. 투자자들이 미처 놓칠 수 있는 데이터의 숨은 의미를 찾아내고, 이를 기반으로 더 나은 결정을 내릴 수 있도록 돕는다. 예를 들어 과거에는 경제성장률과 같은 전통적인 지표에만 의존했다면 이제는 "대중이 특정 주식에 대해 어떻게 생각하는지"를 파악하고 투자 전략에 반영할 수 있는 시대가 된 것이다.

AI 강력하지만 만능은 아니다

AI는 투자 세계를 빠르게 변화시키고 있다. 숫자 데이터와 감정 데이터를 모두 분석할 수 있는 AI의 능력은 투자자들에게 새로운 기회를 제공한다. 하지만 AI가 모든 답을 줄 수 있는 만능 도구는 아니다. AI를 제대로 활용하기 위해서는 그 한계와 위험을 명확히 이해해야 한다.

AI는 과거 데이터를 기반으로 학습하기 때문에 예상치 못한 시장 변화에는 완벽히 대응하지 못할 수 있다. 예를 들어 국제 분쟁이나 자연 재해 같은 돌발 사건은 AI가 예측하기 어려운 변수이다. 또한 뉴스나 소셜 미디어와 같은 비구조화된 데이터는 해석이 복잡하며, 잘못된 결과로 이어질 가능성도 존재한다.[15-14]

그래도 AI는 투자자들에게 강력한 도구로 자리 잡고 있다. 방대한 데이터를 처리하고 숨겨진 패턴을 찾아내는 능력은 AI의 가장 큰 강점이다. 숫자뿐만 아니라 감정 데이터를 분석함으로써 전통적인 방법으로는 포착하기 어려운 기회도 발견할 수 있다.

결론적으로 AI는 강력한 도구이나 최종 결정은 여전히 투자자의 몫이다. AI의 통찰을 맹신하지 말고, 투자자의 판단력과 경험을 결합해 신중하게 접근해야 한다. AI는 혼자가 아닌 협력할 때 가장 강력한 동반자가 될 수 있다.

비트코인과 포트폴리오: 혁신인가, 위험인가?

요즘처럼 경제가 흔들리고 예측할 수 없는 시대에는 투자자들이 안전한 피난처를 찾으려는 경향이 있다. 전통적으로 금이나 채권 같은 자산이 이런 역할을 해 왔지만 최근 들어 비트코인이 새로운 대안으로 떠오르고 있다. 단순히 디지털 화폐를 넘어 이제는 포트폴리오에서 중요한 역할을 할 수 있는 자산으로 주목받고 있다.

왜 그럴까? 함께 살펴보자.

비트코인의 탄생: 블록 체인과 신뢰의 재정의

2008년 10월, 익명의 인물 사토시 나카모토(Satoshi Nakamoto)가 발표한 역사적인 문서, 「비트코인 백서(white paper)」는 전통적인 금융 시스템을 혁신할 새로운 전자 결제 방식을 소개했다. 비트코인 백서는 단순히 디지털 화폐를 제안한 것이 아니라 우리가 돈을 사고, 보내고, 믿는 방식에 대한 패러다임을 바꾸는 계기가 되었다.

블록 체인 기술의 시작: 블록 체인은 비트코인의 핵심 기술이며, 다음의 세 가지 요소는 블록 체인 기술의 신뢰성, 보안성, 그리고 투명성을 유지하는 기반이 된다.

분산 원장(distributed ledger): 블록 체인은 네트워크 참여자 모두가 동일한 거래 기록을 공유하며, 데이터가 분산 저장되어 투명하고 안전하다. 기록된 거래는 변경하거나 삭제하기 어렵다.

암호화 기술: 블록 체인은 암호화 기술(cryptography)로 거래를 인증하며, 무결성과 익명성을 유지한다. 이를 통해 데이터 위변조와 부정 액세스에 강한 보안을 제공한다.

합의 알고리듬: 블록 체인은 네트워크 참여자 간의 동의를 통해 데이터를 검증하고 추가하며, PoW, PoS, PoA 같은 합의 알고리듬(consensus mechanism)을 사용한다.

비트코인의 투자 가치

안전, 다각화, 장기 성장 가능성 면에서 비트코인의 투자 가치를 살펴보자.

안전성과 자산 보호: 비트코인은 전통적인 금융 시스템과 다르게 탈중앙화된 네트워크에서 운영된다. 이를 통해 단일 기업, 정부, 또는 중앙은행에 의존하지 않는 독립적인 구조를 가지기에 자산을 지키는 데 유리하다. 또한 중앙화된 시스템에 의존하지 않기 때문에 상대방의 신용 문제로 손실을 입을 가능성이 없다.

포트폴리오 다각화: 비트코인은 주식이나 채권 같은 전통적인 자산과 상관 관계가 낮다. 이는 경제 상황에 따라 움직임이 다르다는 뜻으로, 포트폴리오에 추가하면 위험을 분산하는 데 효과적이다. ARK 인베스트(ARK Invest)에서 발표한 연구에 따르면 2023년 이상적인 포트폴리오에서 비트코인 비중은 19.4퍼센트였으며, 이는 비트코인이 단순히 변동성이 큰 자산이 아니라 위험 대비 수익률이 높은 투자 대안임을 보여 준다.[15-15]

장기 투자로의 가능성: 비트코인은 단기적으로는 가격 변동성이 크지만 장기적으로는 꾸준히 가치가 상승했다. 그 이유는 설계상 비트코인의 공급량이 2100만 개로 제한되어 있어 희소성이 점점 커지기 때문이다. 희소성 덕분에 시간이 지날수록 가치를 더할 가능성이 크다.

인플레이션 헤지: 트코인은 공급량이 고정되어 있어 인플레이

션의 영향을 받지 않는 자산으로 주목받고 있다. 금과 같은 희소성을 가지면서도 디지털 특성 덕분에 더 쉽게 거래할 수 있어, 돈의 가치 하락으로부터 투자자의 자산을 지키는 역할을 한다.

미래 자산 비트코인: 기회와 리스크의 균형

비트코인은 기존 금융 시스템과 차별화된 새로운 시대의 자산으로, 포트폴리오에 큰 가치를 더할 수 있다. 적절히 포트폴리오에 포함하면 전통적인 투자 전략에 없는 유연성과 안정성을 제공할 수 있다. 미래의 금융 환경에서 비트코인은 단순한 화폐가 아닌 새로운 투자 가능성의 상징이 될 것이다.

그러나 비트코인은 여전히 변동성이 큰 자산으로 리스크가 크다. 비트코인의 기회는 신중하게 접근할 때 가장 잘 활용될 수 있다. 지나치게 큰 비중을 차지하게 하지 않고 리스크를 분산하면서 적절히 활용한다면 비트코인은 포트폴리오의 안정성과 성장성을 동시에 높이는 중요한 자산이 될 수 있다.[15-16] "기회를 잡되, 항상 리스크를 잊지 말아야." 투자에서 가장 중요한 것은 균형이다.

AI와 금융의 미래: 기술을 넘어 통찰로

현대 금융에서 AI와 빅데이터는 이제 없어서는 안 될 존재가 되었다. 단순히 수익과 손실을 계산하는 시대는 지났다. 오늘날 금융 전문가들은 방대한 데이터를 분석하고, 그 안에서 가치를 찾아내는 능력을 갖춰야 성공할 수 있다.

블룸버그(Bloomberg)와 톰슨 로이터(Thomson Reuters) 같은 데이터 공급 업체에서 제공하는 방대한 정보, 웹과 소셜 미디어를 분석하는 도구들은 투자 기회를 포착하고 시장의 흐름을 읽는 데 필수적이다. 데이터와 AI 기술을 결합하는 능력은 현대 금융 전문가의 핵심 역량이다.

기술 과신의 위험: 간단한 문제는 간단히

아무리 기술이 발전했더라도 모든 문제를 복잡한 방법으로 해결할 필요는 없다. 때로는 간단한 통계 분석이나 기본적인 계산 방법이 더 효율적일 수 있다. 예를 들어 딥러닝 같은 복잡한 AI 알고리듬이 항상 최적의 해법을 제공하는 것은 아니다.

기술 과신이 초래할 위험은 다음과 같다.

과거의 교훈: 금융 위기 중 일부는 파생 상품을 지나치게 신뢰하고 잘못 활용한 데서 비롯되었다.

데이터 해석의 함정: 데이터를 맹신하거나 잘못 해석하면 큰 실수와 손실로 이어질 수 있다. 미래의 금융 위기는 기술 그 자체가 아니라, 잘못된 기술 사용에서 발생할 가능성이 크다.

AI 전문가 양성의 필요성

미래의 금융은 데이터를 제대로 이해하고 활용할 수 있는 전문가의 손에 달려 있다. 특히 AI와 빅데이터 분야에서 고급 인력은 복잡한 금융 문제를 해결하고 새로운 혁신을 이끄는 데 핵심적인 역할을 할 것이다. AI를 통해 복잡한 금융 문제를 해결할 수 있는 능력은 시장에서 점점 더 큰 가치를 가지게 될 것이다.

기술과 판단력의 균형: 진정한 가치를 찾는 법

기술은 강력하지만, 모든 답을 주지는 않는다. 진정한 금융 전문가는 단순히 최신 기술에 의존하지 않고, 문제의 본질을 이해하고 이를 해결할 적절한 도구를 선택할 수 있어야 한다. AI와 빅데이터는 금융의 미래를 바꿀 강력한 도구다. 그러나 이 도구를 제대로 활용하려면 문제를 바라보는 통찰력과 신중한 접근이 필수적이다. 금융의 복잡함 속에서도 단순함을 찾아내는 능력이야말로 진정한 경쟁력이다.

"AI는 당신의 도구다. 하지만 그 도구를 어떻게 활용할지는 오직 당신에게 달려 있다."

이재욱(서울대학교 산업공학과 교수)

16 | 새로운 이동의 시대와 자율 주행차

#자율 주행

테슬라는 완전 자율 주행(full self-driving, FSD) 12.6 HW3 버전을 발표하며 자율 주행 기술의 혁신적인 진전을 선보였다. FSD는 고급 AI 및 머신러닝 기술을 활용해 운전자의 개입 없이 운전자가 있는 곳에서 차량 호출(summon) 기능, 도시 주행, 고속도로 합류, 교차로 대응과 구역 지정 주차 등 복잡한 주행 시나리오를 처리할 수 있는 능력을 갖추고 있어서 진정한 파크 투 파크(park to park, PTP) 시스템을 실현했다. 테슬라의 최신 FSD 시스템은 사용자 경험을 중심으로 설계되었으며 운전자의 신뢰를 강화하고 안전성을 크게 향상시킬 것으로 기대된다. 테슬라의 접근 방식은 단순히 기술적 효용성을 입증하는 데 그치지 않고 데이터를 기반으로 시스템을 지속해서 개선하며 사용자와의 상호 작용을 최적화하는 데 중점을 두고 있다. 이 부분이 바로 테슬라가 자율 주행 대중화의 선도적 역할을 담당하는 중요한 기준점이 된다. 우리나라를 비롯한 대부분의 자동차 회사는 완전 자율 주행(레벨3 수준)의 자동차 출시를 계속 미루고 있으며 AI 활용에서 중국 회사와 제휴를 하는 등 자체 기술 개발에 어려움을 겪고 있다. 과도한 정책 당국의 규제도 하나의 원인이지만 근본적으로는 사용자 경험에 대한 접근법이 차이가 있기 때문이다.

사용자 경험을 재정의하는 자율 주행차

자율 주행차는 단순히 자동차 자체의 기술적 진화를 넘어서 사용자와의 관계를 새롭게 설정하고 있는 사회 기술 시스템(socio-technical system)으로 진화하고 있다. 당연히 차량 내부는 이제 이동 공간을 넘어 개인의 생활 공간으로 확장되고 있다. 이 변화의 중심에는 인간－기계 인터페이스(human machine interaction, HMI)와 사용자 경험(UX)을 데이터 중심으로 설계하는 혁신이 자리 잡고 있다.

서울대학교 산업공학과의 최근 연구(Park et. al., 2023)에서는 자율 주행 자동차 내에서 사용자 행동을 70가지의 주요 일상 활동 DIVA(daily in-vehicle activities)를 정의해 여섯 가지 카테고리로 분류했다. 여가 활동에서부터 개인화된 생산성 작업까지, 이러한 NDRT(non-driving-related tasks) 활동들은 자율 주행차가 단순한 운송 수단을 넘어 개인의 삶을 어떻게 지원할 수 있는지를 분석한 결과이다.

소셜 미디어와 커뮤니티 데이터를 분석한 결과, 사용자는 차량 내부에서 효율성과 편의성을 동시에 추구하고 있음을 확인했다. 키워드 발생 빈도 분석을 통해 사용자의 요구를 정리한 한 연구에서는 몇 가지 미래 자동차의 행동 지원 아이디어가 나왔다. 예를 들어 자율 주행 차량에서 운전자의 메이크업을 지원하는 기능은 차량 내 환경을 조절하고 음성 비서(text-to-speech) 기술을 활용해 설계할 수 있다. 얼굴 온도 감지 및 화장 시간 분석 기술은 사용자가 효율적으로 메이크업을 수행하도록 지원한다. 피트니스 및 건강 관리를 위한 차량 내 솔루션은 생체 신호 감지와 헬스 데이터를 기반으로 한 맞춤형 운동 프로그램을 제공한다. 실시간 체온 및 습도 조절 시스템은 최적의 운동 환경을 만들어 주도록 설계가 가능하다. 자율 주행차 내에서 간식 준비 및 식사 지원 기능은 AI 기반 요리 추천 및 레시피 제공을 통해 사용자가 이동 중에도 간단한 식사를 할 수 있도록 돕는다. 시스템으로 연결된 드라이브스루 주문 시스템과 최적 경로 탐색 기술을 이용하면 운전자에게 더욱 간편한 식사 경험을 제공할 수도 있다.

이러한 아이디어에서 사용자 여정(customer journey)은 차량 사용 경험의 핵심이다. 준비 단계에서의 기대 수준 설정, 이동 중 활동, 도착 후의 경험까지, 모든 과정은 HMI의 직관성과 통합성을

요구한다. 데이터 클러스터링과 사용자 여정 맵(user journey map)을
활용한 분석은 사용자와 차량 간의 주요 접점을 시각화하고, 기술
적 개선 방향을 제사할 수 있게 했다. 아이디어 구현을 위한 기술
적 통합은 자율 주행차 기능 개발의 핵심 과제다. 차량 센서와 데
이터 처리 시스템, 사용자 맞춤형 피드백 기능을 결합하는 것은
여전히 HMI의 주요 과제다.

HMI는 단순히 정보를 표시하는 도구에서 벗어나, 사용자와
차량 간 신뢰(trust)를 구축하는 매개체로 작용한다. 특히 연령대와
기술 숙련도에 따라 인터페이스를 개인화하는 것은 사용자 경험
을 혁신하는 데 매우 중요한 전략이다. 직관적인 UI/UX 설계는
당연히 사용자의 스트레스를 줄이고 차량 내 활동의 몰입도를 높
인다.

인간-기계 인터페이스 체크 포인트

HMI와 사용자 경험은 단순한 기능을 넘어 사용자와 차량 간의
관계를 심화시키는 중요한 요소이므로 자율 주행차는 사용자와
함께 발전하며 미래의 모빌리티를 주도할 것이다. HMI는 단순
히 정보를 표시하거나 명령을 입력받는 도구를 넘어 운전자와 자
율 주행 시스템 간의 신뢰를 구축하는 다리 역할을 한다. 자율 주
행 단계별로 주어지는 운전자의 역할이 다르기 때문에 HMI는 상
황에 맞는 정보를 적시에 제공하고, 필요할 때는 운전자의 주의를

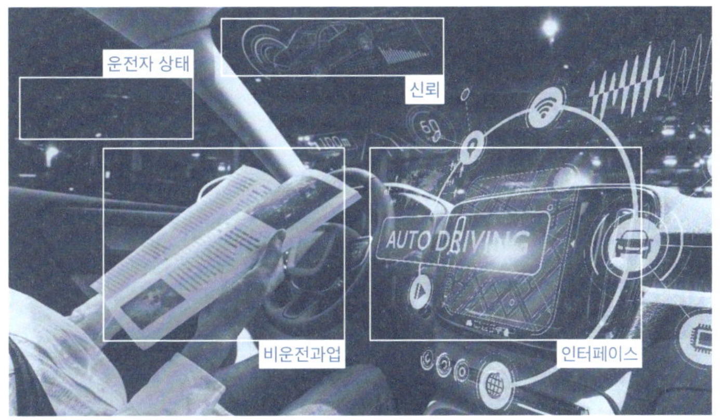

그림 16-1. 자율 주행 자동차에서의 HMI의 구성 요소.

효과적으로 환기해야 한다. 예를 들어 자율 주행 2단계에서는 운전자가 차량의 제어권을 유지하지만 4단계에서는 차량이 대부분의 제어를 담당한다. 이러한 변화에 따라 HMI는 운전자의 피로를 줄이고, 비운전 작업을 지원하며 긴급 상황에서 적절히 개입할 수 있어야 한다. 따라서 자율 주행의 HMI는 다음 요소가 중요하다.

직관적인 정보 전달: HMI는 복잡한 주행 데이터를 직관적으로 시각화해야 한다. 이는 단순한 속도계와 네비게이션 정보를 넘어서, 차량의 센서 데이터(근처 차량, 보행자, 도로 장애물)를 실시간으로 통합해 운전자에게 제공하는 것을 포함한다. 예를 들어 AR 기술을 활용해 차량 전면 유리에 도로 정보를 투영하면 운전자의 시선

이동을 최소화하고 반응 시간을 줄일 수 있다.

경고 및 알림 시스템: 긴급 상황에서 운전자의 주의를 환기하는 경고 시스템은 자율 주행 안전성의 핵심 요소다. 경고 시스템은 시각, 청각, 촉각 요소를 조합해 운전자가 즉각적으로 제어권을 인식하고 행동을 취할 수 있도록 설계되어야 한다. 예를 들어 제어권 전환 요청 시, 유리창의 HUD(head-up display)에 빨간색 경고가 표시되는 동시에 진동과 음성 알림이 함께 제공된다면 운전자의 반응 시간을 크게 단축할 수 있다.

비운전 작업 지원: 자율 주행의 주요 장점 중 하나는 운전자가 비운전 작업에 집중할 수 있다는 점이다. HMI는 사용자가 차량 내에서 작업, 엔터테인먼트, 휴식을 편리하게 즐길 수 있도록 돕는 역할을 해야 한다. 인포테인먼트 시스템은 운전자에게 접근성과 몰입감을 제공해야 하며, 동시에 차량 제어 상황에 대한 실시간 정보를 잊지 않도록 설계되어야 한다.

운전자 모니터링

HMI는 운전자의 상태를 지속해서 분석해야 한다. 운전자의 눈깜빡임, 시선 이동, 자세 변화 등을 감지해 피로도와 주의 산만 여부를 판단하고 필요하면 경고를 해야 한다. 이러한 기능은 특히 긴 주행 시간 동안 운전자의 안전성을 높이는 데 필수적이다.

자율 주행 차량의 HMI 설계는 기술적 문제와 사용자 경험이

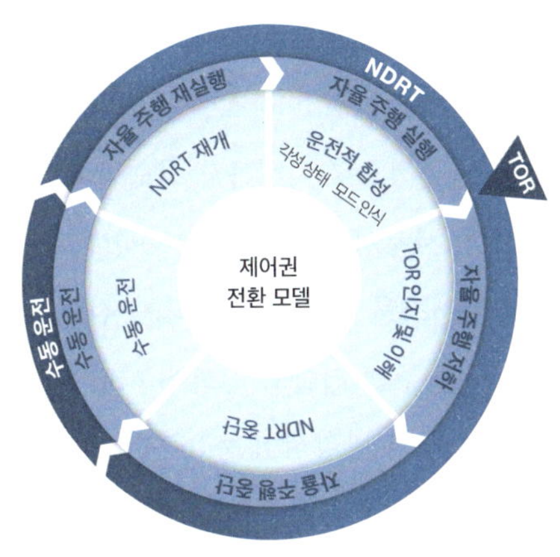

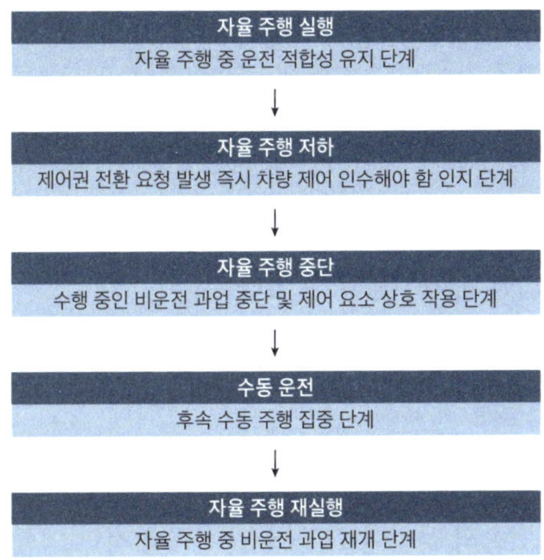

그림 16-2. 자율 주행 제어권 전환(TOR) 모형.

라는 두 축에서 접근해야 한다. 기술적으로는 차량 센서와의 통합, 실시간 데이터 처리, 신뢰할 수 있는 경고 시스템 개발이 중요한 과제이고, 사용자가 HMI를 직관적으로 이해하고 신뢰할 수 있도록 설계하는 것도 필수적이다. 사용자 그룹의 다양성(나이, 기술 숙련도, 신체 조건)에 따라 인터페이스를 맞춤화해야 하는 점도 도전 과제 중 하나이다. HMI는 자율 주행 기술의 진화에 따라 지속해서 발전하고 있다. 특히 다음과 같은 방향성이 중요하다.

AI와 데이터 통합: 운전자와 차량의 행동 패턴을 학습하고, 이를 바탕으로 동적으로 정보를 제공하는 HMI 개발이 필요하다. AI 기반 예측 시스템은 차량의 다음 행동을 운전자에게 미리 전달해 신뢰도를 높일 수 있다.

증강 현실(AR) 기술 활용: AR는 운전자에게 직관적인 정보를 제공하는 강력한 도구다. 도로 상황, 교통 신호, 주변 차량 위치를 실시간으로 시각화해 주행 안전성을 높일 수 있다.

사용자 맞춤형 설계: 다양한 사용자 그룹의 요구를 충족하기 위해 HMI는 개인화된 경험을 제공해야 한다. 이는 인터페이스 디자인, 알림 빈도 및 형태, 언어 지원 등에서 구현될 수 있다.

HMI는 자율 주행 기술의 성공과 보급에 있어 핵심적인 역할을 할 것이다. 사용자와 차량 간의 신뢰를 구축하고, 운전자가 안전하고 편리하게 차량을 이용할 수 있도록 지원하는 HMI는 자율 주행 기술 발전의 필수적인 구성 요소다. 향후 기술적 발전과 더불어 사용자 중심의 설계가 병행된다면 HMI는 자율 주행 기술의 대중화를 이끄는 중요한 촉매제가 될 것이다.[16]

윤명환(서울대학교 산업공학과 교수)

17 | 실시간 모니터링과 예측 보전

#사물 인터넷과 빅데이터

A씨의 혈당 모니터링

A씨의 하루는 손가락 끝을 찌르는 고통과 함께 시작된다. 3년 전 건강 검진에서 혈당이 위험 수준으로 치솟은 것이 발견된 이후, 그의 삶은 완전히 달라졌다. 매일 아침 공복 상태와 식사 후, 날카로운 바늘로 손가락을 찔러 혈당을 측정하는 것이 새로운 일상이 되었다. 의사의 권고에 따라, A씨는 당뇨병 관리를 위해 매일 저녁 헬스장에서 땀을 흘리며 건강을 위해 노력했다. 하지만 그날 밤, 건강을 위한 노력은 비극으로 끝날 뻔했다.

운동 후 귀가 중, 갑자기 시야가 흐려지기 시작했다. 순식간에 의식이 흐려졌고, 그가 운전하던 차는 통제를 잃고 가로수를 향해 돌진했다. 천만다행으로 큰 부상은 면했지만 죽음의 문턱까지 갔다 온 아찔한 순간이었다. 원인은 바로 저혈당 쇼크였다. 운동은 혈당을 낮추는 효과가 있어 당뇨병 환자에게 추천되지만 과도한 운동이나 공복 상태의 운동은 치명적인 저혈당을 유발할 수 있다. 만약 A씨가 운전 전 자신의 혈당 수준을 알았더라면 항상 가방에 넣고 다니는 오렌지 주스 한 병으로 이 위험한 상황을 피할 수 있었을 것이다.

다행히도 이제 이런 위험한 상황을 예방할 수 있는 혁신적인 해결책이 등장했다. 바로 실시간 혈당 측정기다. 이 작은 기계가 당뇨병 환자들의 생명을 구하고 삶의 질을 크게 개선할 수 있게 된 것이다.

실시간 혈당 측정기는 혁신적인 기술로, 얇은 패치를 피부에 부착하면 센서가 지속해서 측정하는 혈당 수치를 스마트폰으로 전송한다. 사용자는 스마트폰 앱을 통해 자신의 혈당 수치를 실시간으로 확인함으로써 혈당 관리에 필요한 조치를 신속하게 취할 수 있다. 실시간 혈당 측정기는 피부에 부착하는 센서를 통해 지속해서 혈당 수치를 모니터링해 혈당 변화를 실시간으로 파악할 수 있는 장점이 있다. 혈당 측정기는 우리 건강을 더 잘 이해하는 데 도움을 줄 수 있는 강력한 도구다. 특히 실시간 혈당 측정은 생각했던 것보다 훨씬 더 역동적이고 예상치 못한 혈당 변화를 보여준다. 혈당이 특정 값 이상 올라가거나 특정값 이하로 내려가면

알람을 울린다. 이를 통해 저혈당 쇼크를 예방할 수 있다.

실제로 직접 실시간 혈당 측정기를 사용하면서 흥미로운 경험을 겪기도 했다. 우선 원래 아는 내용이더라도 직접 눈으로 확인함으로써 행동이 변화하는 것이다. 식사 후 케이크를 먹었을 때 혈당이 급격히 상승하며 '넘어서면 큰일 날 것 같은 붉은색 선'을 향해 돌진하고 있자 도저히 가만히 앉아 있을 수 없어 무조건 밖으로 나가 동네 한 바퀴를 도니 10분 만에 혈당이 급격히 떨어지기 시작했다. 이후로는 케이크를 안 먹거나, 먹으면 곧바로 일어나 뭔가 가벼운 운동이라도 하게 되는 습관이 생겼다. 이해하고 있는 것과 내가 직접 눈으로 보는 것의 차이를 절감한 경우이다.

두 번째 경우는 새롭게 알게 된 것이다. 실시간 혈당 측정기를 사용하기 전에는 몰랐던 사실들을 알게 되었다. 뷔페를 먹는다고 해서 혈당이 무조건 오르는 것이 아니다. 채소, 고기, 밥의 순서로 식사했더니 혈당 상승이 매우 완만하고 붉은 선 근처에도 다다르지 않았다. 반면 지난 수십 년간 건강식으로 생각하고 자주 먹었던 뮤슬리와 우유 조합이 혈당을 급격히 올린다는 것을 처음 확인했다. 또한 저녁 식사 후 운동을 해 혈당을 아주 낮은 상태로 만들어 놓았는데, 그 후에 논문을 읽거나 작성하는 등 뇌를 많이 사용하니 심야 시간에 혈당이 출렁이는 것도 처음 확인했다. 자신의 몸의 상태를 실시간으로 모니터링한다는 것은 사람에게 커다란 임팩트를 남겨 향후 행동 변화에 큰 영향을 미치게 되었다.

AI 활용

AI 기술이 실시간 모니터링에 더해지면서 훨씬 더 강력해진다. 혈당 모니터링 앱을 살펴보자. 자신이 먹을 음식 사진을 찍으면 AI가 음식 이미지로부터 해당 음식의 칼로리를 계산해 준다. 여기에는 이미지 분석 기술, 특히 음식의 모습에 특화된 컴퓨터 비전(vision) 시스템이 사용된다. 또한 음식을 단순히 식별하는 것이 아니라 해당 재료가 어떻게 조리되었는지도 파악한다. 예를 들어 감자를 삶거나 찌는 경우와 기름에 튀기는 경우, 결과물의 칼로리는 커다란 차이가 날 수 있다. 해당 시스템에서는 이러한 차이를 고려한다. 따라서 가장 먼저 이미지에 포함되어 있는 구성 요소를 하나씩 식별해 내고 각 요소가 조리된 방식을 고려한 요소별 칼로리, 각 요소가 어느 정도의 양이 있는지 파악한다. 쌓여 있는 음식 이미지로부터 높이가 어느 정도인지, 이미지에서 안 보이는 당근은 몇 개나 될지도 파악된다. 요소별 칼로리에 각 요소의 중량이 곱해지고 이들을 모두 더하면 총 칼로리가 계산된다.

사용자가 하루 세끼, 간식이나 야식까지 무언가를 먹거나 마실 때마다 사진을 찍는다면 섭취 칼로리뿐만 아니라 탄수화물, 지방, 단백질 등의 섭취 영양소별 양도 기록되니 혈당과의 관계를 분석하는 것이 가능해진다. 혈당 이외에도 체중 관리에도 사용될 수 있다. 개인에 대한 특화된 서비스도 가능해지는데 패치 제조 회사가 사용자들의 동의를 얻는다면 수백만, 수천만 명의 전체적인 식사 패턴과 영양 섭취 패턴 인사이트를 데이터로 도출해 정부와 협력해 보건 정책에도 사용할 수 있다.

사용자가 혹시 식사 전에 사진 찍는 것을 잊었다 해도 큰 문제가 없다. 다음 날이라도 특정 일 특정 시간에 내가 무얼 얼마나 먹었는지 기억만 한다면 사후에 음성으로 기록을 남겨 음성 인식 AI 기술이 음성을 텍스트로 변환한다. "어제 점심에 탕수육 1/4그릇, 군만두 3개, 짜장면 1그릇 먹었다."라고 앱에 이야기하면 이 내용을 저장해 이미지처럼 각 구성 요소를 파악해 요소별 칼로리와 총 칼로리를 계산해 낼 수 있다.

실시간 모니터링 사례

중환자실 모니터링

중환자실은 심각한 질병이나 부상으로 인해 집중적인 치료와 감시가 필요한 환자를 위한 특수 의료 환경이다. 중환자실 환자들은 생명을 유지하는 데 필수적인 기관이 손상되었거나 심각한 질병으로 인해 불안정한 상태에 처해 있는 경우가 많다. 이러한 환자들의 상태는 빠르게 변할 수 있으며, 잠재적으로 생명을 위협할 수 있다. 중환자실에서는 각 환자의 상태를 면밀히 모니터링하고 맞춤형 치료를 제공하는 것이 중요하다. 심혈관 기능, 뇌 기능, 폐

기능, 신장 기능 등 다양한 생체 지표를 지속해서 측정하고 분석해 환자의 상태 변화를 조기에 감지하고 필요한 조치를 취해야 한다. 심혈관 기능을 보기 위해 환자의 혈압, 심박수 및 심박출량, 뇌 기능을 보기 위해서 EEG 및 기타 신경학적 검사, 폐 기능을 보기 위해 산소 수준과 호흡수, 신장 기능을 보기 위해 혈액 검사와 소변량도 모니터링한다. 실시간 중환자 모니터링은 환자의 생체 지표를 연속적으로 측정하고 분석해 상태 변화를 조기에 감지하고 적절한 치료를 제공하는 데 매우 중요하다. 중환자실 환자들은 예측 불가능한 변화에 취약하며, 간헐적인 측정만으로는 이러한 변화를 놓칠 수 있다. 실시간 모니터링을 통해 환자의 상태를 지속해서 감시하고 필요한 조치를 취함으로써 환자의 안전을 보장하고 치료 결과를 개선할 수 있다.

목장 관리 시스템

소의 건강을 실시간으로 모니터링하는 것은 농장의 효율성과 생산성을 크게 향상시킬 수 있다. 목줄에 센서를 부착해 소의 체온, 움직임, 심박수, 소화 활동 등을 지속해서 모니터링할 수 있다. 그 정보로 소의 건강 상태를 빠르게 파악해 질병을 조기에 예방하며 수정 적기 등 중요한 결정을 내릴 수 있다. 예를 들어 열 감지 센서는 체온 변화를 감지해 질병의 징후를 조기에 파악할 수 있다. 반추 탐지 센서는 소화 활동을 분석해 건강 상태를 평가하고, 소화

불량이나 질병을 조기에 진단하는 데 도움이 될 수 있다. 실시간 모니터링 시스템은 농장 관리자에게 소의 건강 상태에 대한 귀중한 정보를 제공해 더 효율적인 농장 운영을 가능하게 한다.

소의 움직임과 상태를 실시간으로 모니터링하는 것은 축산업에 중요한 역할을 한다. 레그 밴드를 사용해 소의 움직임을 추적하는 것은 그러한 모니터링의 핵심이다. 레그 밴드는 가속계, 자이로스코프, 만보계와 같은 센서를 포함해 소의 움직임, 활동 수준, 심박수를 정확하게 측정한다. 이러한 정보를 사용해 소의 건강 상태, 스트레스 수준, 임신 상태를 평가할 수 있다. 소의 움직임 패턴을 분석함으로써 건강 문제, 스트레스 증가, 열사병과 같은 위험 신호를 조기에 감지할 수 있다. 또한 임신 상태를 정확하게 예측해 번식 효율을 높이고 출산 과정을 효과적으로 관리할 수 있다.

항공기 엔진

토머스 에디슨(Thomas Edison)이 세운 GE는 자신들이 생산하는 항공기 엔진에 많은 센서를 부착한 후, 해당 센서가 모은 데이터를 분석해 주요 부품의 고장 가능 확률을 매번 비행 후 계산해 내는 기술을 개발했다. 이를 통해 정해진 일정에 따라 무조건 교환하지 않고 필요에 따라 교환하는 방식의 보전 서비스를 개발했다. 바로 예방 보전 대신 예측 보전을 개발한 것이다. 여기에 많은 항공사가 GE에게 보전 서비스를 맡기게 되었고, GE는 덕분에 보전 서비스 매출이 기존 엔진 매출보다 더 커지게 되었다.

제조 시설

제조 시설에는 다양한 종류의 장비가 사용된다. 이러한 장비들의 고장을 예측하고 이상을 탐지하는 것은 매우 중요하다. 동일한 종류의 장비라도 각각의 고장 발생 시기는 다를 수 있다. 따라서 획일적인 고장 예측은 한계가 있다. 개별 장비에 센서를 부착해 개별적인 고장 예측을 하는 것이 바람직하다. 여기에 센서 기술, 빅데이터 처리 기술, AI 기술이 총동원된다.

자동차 운전

차량에 설치된 텔레매틱스 장치나 스마트폰 앱을 통해 운전자의 운전 행태를 실시간으로 수집하고 분석할 수 있다. 예를 들어 주행 속도, 급가속과 급제동 빈도, 운전 시간대, 주행 거리 등의 데이터를 수집한다. 이를 통해 보험사는 맞춤형 보험료 책정이 가능하다. 즉 운전 습관에 따라 보험료를 차등 적용하는 상품을 제공한다. 이런 상품을 구매한 고객은 운전을 더 안전한 쪽으로 하게 되어 사회 전체적으로 교통 사고의 빈도를 낮출 수 있다. 또한 보험사는 운전 패턴 분석을 통한 사고 위험도를 산출하고 사고 발생 시 실시간 데이터를 통한 정확한 상황 파악도 가능하다. 또한 실제 운행 기록을 통해서 보험 사기도 예방할 수 있다. 결국 보험사에게는 위험 평가를 정확히 할 수 있고 보험금 지급 관련 분쟁도 감소한다. 부정 청구 방지를 통해 손해율도 개선할 수 있고 고객별 맞춤형 서비스도 제공 가능하다. 소비자들은 안전 운전으로 보험료 할인을 받을 수 있고, 운전 습관 개선을 통해 스스로 안전하게 운전하게 된다. 사고 발생 시 보험사가 신속히 대응하므로 대인 사고 시 사망을 중상으로, 중상을 경상으로 완화할 수도 있으며 차량 도난 시 위치 추적도 가능하다.

물론 단점도 없지 않다. 소비자의 개인 정보 보호 문제가 있다. 위치 정보 등 민감한 개인 정보 수집에 대한 우려, 데이터 유출 위험이 있다. 소비자들은 심리적으로 누군가 지속해서 나를 바라보고 있다는 느낌에 대한 거부감과 프라이버시가 침해된다는 우려가 있다. 기술적으로도 완전하지 않기 때문에 데이터 수집의 정확성 문제와 시스템 오류의 가능성도 있다. 한편 모니터링 장치 설치, 운영과 데이터 처리, 저장에 추가 비용도 발생할 수 있다.

엔진 오일 교체 주기의 비밀

대부분의 자동차 제조 업체는 일반적으로 6개월마다 엔진 오일을 교환할 것을 권장한다. 이는 엔진 오일의 성능 저하를 방지하고 엔진 수명을 연장하기 위한 것이다. 엔진 오일은 자동차 엔진 내부의 마찰을 줄여주고 열을 식히는 역할을 한다. 시간이 지남에 따라 엔진 오일은 점도가 떨어지고 오염물질이 축적되어 성능이 저하된다. 따라서 정기적인 엔진 오일 교환은 엔진의 효율성을 유지하고 수명을 연장하는 데 필수적이다. 엔진 오일 교환은 주행 거리 또는 시간 기준으로 이루어지는데, 제조 업체의 권장 사항을 따르는 것이 좋다.

자동차 엔진 오일 교환 주기가 6개월인 이유는 흥미롭다. 이는 산업공학에서 오랫동안 사용해온 신뢰성 분석(reliability analysis)이라는 통계적 기법으로 도출된 것이다. 이는 데이터를 분석해 제품이나 시스템의 신뢰성(또는 수명)을 예측하는 통계적 방법이다. 이를 통해 특정 기간 동안 제품이나 시스템이 제대로 작동할 확률을 계산할 수 있다. 엔진 오일의 경우, 신뢰성 분석은 다음과 같은 단계를 거친다.

- **모집단**: 모든 엔진의 오일 상태.
- **샘플**: 모집단 데이터는 확보가 불가능하므로, 일부 엔진 대상으로 실험 및 관찰. 대략 수십~수백 개 확보.
- **데이터 분석**: 해당 샘플을 상대로 오일 상태 변화 추적.
- **기준치 설정**: 90퍼센트의 엔진 오일이 정상 상태를 유지하는 기간 조사.

예를 들어 90퍼센트의 엔진 오일이 6개월까지는 정상 상태를 유지한다는 분석 결과를 얻으면, 엔진 오일 교환 주기를 6개월로 설정한다. 이러한 수명 분석 결과는 제품이나 시스템의 안전성과 효율성을 높이는 데 기여한다. 이러한 기준치는 수십 년간 활용되어 왔고 지금도 활용되고 있다. 소위 예방 보전은 문제가 일어나기 전에 예방함으로써 대상의 상태를 좋게 보전하는 것이다. 여기서 아쉬운 점은 바로 통계적이라는 것이다. 즉 중간치나 대다수에 초점이 맞추어져 있다는 것이다. 특정 차량의 운행 방식이나 운전 습관을 고려하지 않고 모든 차량에 동일하게 적용되기 때문에 문제점이 발생할 수 있다. 예를 들어 엔진 오일의 경우 주행 거리나 운전 습관에 따라 교체 주기를 조정해야 할 수 있다. 자주 운전하거나 험한 길을 주행하는 경우에는 엔진 오일 성능이 더 빨리 저하될 수 있으므로 교체 주기를 줄여야 한다. 또한 기준치에만 의존하다 보면 필요 이상으로 자주 검사를 받거나, 반대로 필요한 검사를 놓치는 경우도 발생할 수 있다.

실시간 모니터링의 미래

센서 기반의 실시간 모니터링은 개인화된 정보를 24시간 제공해 기존의 획일적인 간헐적 모니터링 방식과 다르다. 실시간 모니터링은 개인의 특성을 고려해 사람마다 다른 변화를 추적한다. 예를 들어 혈당 수치는 사람마다 다르게 변화하며, 이러한 차이를 실시간으로 모니터링해 개인 맞춤형 관리가 가능하다.

실시간 모니터링은 24시간 쉬지 않고 측정해 기존의 간헐적인 모니터링 방식보다 더 자세하고 정확한 정보를 제공한다. 예를 들어 시간대에 따른 심장 박동수의 변화를 실시간으로 모니터링해 심장 건강 상태를 더 정확하게 파악할 수 있다.

우리는 자동차 엔진 오일을 6개월마다 교환하고, 위 내시경 검사를 1년마다 받는다. 이렇게 정기적인 주기로 관리해야 하는 것은 현재 기술의 한계 때문이다. 자동차의 엔진 오일 상태나 위벽의 상태를 실시간으로 정확하게 파악할 수 없어 일정 주기로 점검을 해야 한다.

하지만 앞으로 센서 기술과 데이터 분석이 더 발달한다면 이러한 정기적인 점검은 필요 없어질 수 있다. 예를 들어 자동차 엔진 내부에 센서가 설치되어 24시간 내내 오일 상태를 모니터링하고, 위 벽을 촬영하는 카메라 센서가 24시간 내내 위벽 상태를 모니터링할 수 있다. 이렇게 실시간으로 수집된 데이터는 AI 분석 시스템을 통해 처리되어 문제가 발생할 가능성이 있는 경우 자동으로 차량 주인 또는 위 벽 주인에게 알림을 보낼 수 있다.

이러한 기술을 사용한다면 차량에 따라 엔진 오일을 2년 후에 교환하거나, 4개월 후에 교환할 수도 있다. 내시경 검사 또한 20년 만에 할 수도 있고, 6개월 만에 할 수도 있다. 개인의 건강 상태나 자동차의 상태에 따라 최적의 관리 주기를 설정하는 예측 보전이다.

미래의 센서 기술은 불필요한 오일 교환이나 내시경 촬영을 없애고, 더 이른 조치가 필요한 경우에만 오일 교환이나 내시경 촬영을 할 수 있도록 도울 것이다. 이는 우리의 시간과 비용을 절약하고, 더욱 효율적인 건강 관리 및 차량 관리를 가능하게 할 것이다.

조성준(서울대학교 산업공학과 교수)

후기

문일경

코로나19 사태를 겪으면서 공급망관리의 중요성이 전 세계적으로 부각되었다. 공급망관리에 대해서 학생들이나 일반인들이 쉽게 이해할 수 있도록 쉽게 설명하려고 노력했다. (보다 자세한 내용은 다음 참조. tv.naver.com/v/38872095) 생산관리에 관련된 대표적인 문제인 신문 가판원 문제도 실생활에 많이 접할 수 있는 주제라 간단한 수식과 사례를 사용해 설명했다. 산업공학은 우리 실생활과 가장 밀접한 학문이고 우리 세상을 보다 편리하고 잘 살 수 있게 바꾸는 학문이라는 것을 이 책을 읽으면서 누구나 느낄 수 있기를 기대한다.

박건수

먼저 이 책의 기획 단계부터 및 각 전문 분야의 집필에 흔쾌히 함께해 주신 서울대학교 산업공학과 교수님들께 깊은 감사의 말씀을 드린다. 이번 집필을 통해 단순히 산업공학의 여러 세부 분야에 대한 단편적인 소개를 넘어 산업공학이라는 학문 분야가 우리 세상을 어떻게 바꿔왔는가를 역사적으로 중요한 사건들을 중심으로 새롭게 해석해 보는 뜻깊은 기회를 가질 수 있었다. 특히 역사적인 주요 사건마다 다양한 산업공학의 접근 방법들이 어떤 변화를 일으켜 왔는가를 설명하면서 산업공학이라는 학문이 우리 생활에 밀접히 관련된 전통적인 산업뿐 아니라 AI를 기반으로 눈부시게 발전하는 새로운 산업 영역에서도 여전히 핵심적인 역할을 하고 있음을 다시 한번 확인하게 되어 더욱 의미 있었다. 독자 여러분도 이 책에서 산업공학의 다양한 활약과 변화의 궤적을 따라가며 다가올 미래 산업과 우리의 일상 속에서 산업공학이 어떤 새로운 역할을 할지 함께 고민하는 흥미로운 여정에 동참하기를 바란다.

박우진

이번 원고를 준비하며 산업공학과 인간공학이 익숙하면서도 새롭게 다가오는 학문임을 다시금 느꼈다. 처음엔 쉽게 정리할 수 있다고 생각했지만, 막상 글을 쓰다 보니 '정말 잘 설명하고 있는 걸까?'라는 고민이 끊이지 않았다. 산업공학은 단순히 생산성을 높이는 기술이 아니라, 사람을 중심으로 복잡한 시스템을 설계하는 섬세한 공학이다. 인간공학 역시 단순히 의자 각도를 15도 뒤로 젖히라는 식의 지침을 주는 학문이 아니라, 인간의 감각과 인지, 행동을 과학적으로 이해하고 이를 실제 환경에 반영하는 깊이 있는 학문임을 다시 깨달았다. AI와 자동화가 아무리 발달해도 중심에는 결국 '사람'이 있다는 점에서, 산업공학은 앞으로의 미래에도 더욱 중요한 역할을 할 것이라 믿는다.

윤명환

짧은 두 글을 준비하면서 AI가 주도하는 미래 사회에서 인간공학과 UX는 단순한 선택이 아닌 필수 지식이 될 것임을 확신하게 되었다. AI가 주도하는 미래에는 사용자 중심의 경험 설계가 시스템의 경쟁력을 좌우하며, 인간공학과 UX는 미래 인류의 핵심 키워드를 넘어 새로운 사회 기술 시스템을 만드는 핵심 역할을 할 것으로 기대된다.

이경식

지난 몇 달간 최소 투자로 '최대 성과를 실현하는 산업공학의 최적화 기술'과 '하늘 위의 퍼즐, 항공사 승무원 스케줄링'을 집필하면서, 산업공학이 우리 삶에 미치는 영향과 산업공학의 실용성과 혁신성을 독자들에게 전달하고자 했다. 산업공학은 단순히 공정 효율화나 비용 절감을 위한 도구가 아니라 산업 시스템의 혁신을 다루는 학문으로, 사람, 기술, 자원, 정보 등 다양한 요소를 효율적으로 설계하고 운영하는 방법을 연구한다. 지엽적이고 단순한 공정 효율화에 그치지 않고, 데이터를 기반으로 한 제품 개발, 시스템 최적화, AI와 인간의 상호 작용 등을 통해 산업 시스템을 전체적인 관점에서 더 똑똑하고 더 효율적으로 만들고 운영되도록 하는 것이 산업공학의 핵심이다.

이 책을 통해 독자들이 산업공학이 우리 사회와 산업의 혁신을 실현해 왔고, AI 혁명 시대의 새로운 혁신을 이끌어 가고 있다는 것을 느끼기를 바란다. AI는 단순히 대규모 언어 모델만을 지칭하는 것이 아니다. AI는 인간의 인지, 판단, 의사 결정 등 지적 능력을 보조, 강화, 대체하는 기술로서, 산업공학은 최적화 기술과 머신 러닝 등 다양한 요소 기술들을 활용해 사회와 산업의 혁신을 실현하는 AI를 구현하는 학문이다. AI 대전환 시대에 더 똑똑하고 더 효율적인 산업을 실현하는 산업공학의 지혜가, 다가오는 미래에 우리 사회와 경제의 혁신을 이끄는 핵심 동력이 될 것이며, 산업공학의 가치는 더욱 빛날 것이라고 확신한다.

이덕주

원고를 작성하면서 오랜만에 산업공학의 아버지로 불리는 테일러의 생애를 더듬어 볼 수 있었으며, 그 과정에서 효율성을 통해 세상을 진화시키고자 했던 그의 숭고한 도전 정신을 발견할 수 있었다. 산업공학을 수학한 지 40년이 되어서야 비로소 이토록 찬란한 산업공학의 본질을 깨닫고 있는 나의 아둔함을 자책할 겨를도 없이, 내게 아직도 학문을 추구할 수 있는 시간이 남아 있다면 그 시간을 온전히 산업공학의 정신을 널리 알리는 데 바치리라 다짐해 본다.

이성주

산업공학이 세상을 어떻게 변화시켜 왔고, 또 어떻게 변화시키고 있는지를 두고 저자들과 짧은 시간 동안 나눈 논의만으로도 30개가 넘는 다양한 사례들이 금세 떠올랐다. 이 사례들을 보며 산업공학이 일상에서 얼마나 중요한 가치를 창출해 왔는지, 산업공학의 위대함을 다시금 실감할 수 있었다. 이러한 가치가 이 책을 읽는 독자들께도 잘 전달되었으면 한다.

이재욱

AI와 블록 체인 기술의 비약적인 발전으로 핀테크 산업 전반에서 산업공학도의 역할이 그 어느 때보다 중요해지고 있다. 이 책을 펼친 모든 분이 이러한 변화에 대한 깊은 통찰을 바탕으로 미래를 선도해 나가기를 진심으로 기대한다.

조성준

"산업공학이 만드는 AI 세상은?" 이 질문에 답하기 위해 산업공학과 교수 아홉 명이 뭉쳤다. 세상의 변화는 이미 시작되었다. 우리에게 필요한 것은 이 변화를 제대로 이해하고 활용하는 것이다. 대한민국의 제2의 도약, 바로 지금이 그 순간이다. 제조, 금융, 서비스 등 우리 삶의 모든 영역에서 효율성을 추구해 온 산업공학에는 특별한 점이 하나 있다. 공과대학에서 드물게 '사람'을 중심에 두는 학문이라는 것이다. AI가 아무리 발전해도 결국 그 목적은 사람을 돕고, 사람과 함께 공존하는 것이다. AI를 사람과 떼어놓고 생각할 수 없는 이유다.

나는 이 책에서 디지털 트윈과 IoT 부분을 썼다. 사람과 기계를 컴퓨터 안에 똑같이 만들어 내는 디지털 트윈, 센서로 세상의 변화를 측정하고 최적의 결정을 내리는 IoT. 이 두 기술 속에서 AI와 산업공학이 어떻게 만나 새로운 가치를 창출하는지 담아냈다. 이 책이 독자 여러분께 변화의 시대를 헤쳐 나갈 나침반이 되기를 바란다.

더 읽을거리

산업공학의 과거와 현재, 미래를 좀 더 탐구해 보려는 독자들을 위해 대한산업공학회에서 펴낸 책들이 있다. 그중 『스마트 세상을 여는 산업공학 시즌 2』(교문사, 2024년), 『4차 산업 혁명의 미래를 설계한다』(교문사, 2018년), 『스마트 세상을 여는 산업공학』(교문사, 2016년), 『공학의 마에스트로 산업공학』(교문사, 2015년)이 우선 권할 만하다. 산업공학의 발전과 대중화에 앞장서는 대한산업공학회에 대해 더 알고 싶다면 홈페이지(kiie.org)와 유튜브(youtube.com/@kiie3913), 인스타그램 채널(instagram.com/kiie_admin)을 방문할 것을 권한다.

또한 대한산업공학회에서 격월로 발간하는 학술지 《대한산업공학회지》(홈페이지 jkiie.org)에는 산업공학 분야의 이론 및 응용에 관한 독창적 연구 논문을 게재하고 있다. 분기별로 발간하는《ie 매거진》(kiie.org/journal/journal03.asp)에서는 「국내외 산업공학 관련 학과 현황 분석」, 「한국 산업공학의 과거 현재 미래」를 비롯해 창립 50주년 기념 연재 인터뷰 등 각계의 다양한 이슈와 인물을 만날 수 있다.

산업공학도를 꿈꾸는 학생들이라면 전국 산업공학 대학생 모임 FIELD(Future Industrial Leaders and Dreamers)의 소식을 유튜브 (youtube.com/@field2023)와 인스타그램 채널(instagram.com/iefield)에서 살펴보기를 권한다. 이 책의 필자들이 몸 담고 있는 서울대학교 산업공학과(ie.snu.ac.kr)의 인스타그램 채널(instagram.com/official_snu_ie)도 함께 소개한다.

참고 문헌

1장 당신의 디지털 아바타, 디지털 트윈

1-1 www.linkedin.com/pulse/exploring-power-digital-twins-part-1-
understanding-basics-paauw/.

2장 산업 현장의·아이언맨

2-1 CC BY 4.0, commons.wikimedia.org/w/index.php?curid ＝166201856.

2-2 CC BY 4.0, commons.wikimedia.org/w/index.php?curid ＝166201856.

3장 인간 다양성 디자인

3-1 W. E. Hill, Public Domain.

4장 내 마음 내가 알까?

윤명환, 박태준, 박우진, 반상우, 『사용자 중심 디자인을 위한 인간공학』(생능
출판사, 2021년).

Christensen, C. M., Cook, S., & Hall, T., Marketing malpractice: The

cause and the cure, *Harvard Business Review*, 2005, 83(12), 74–83.
Maguire, M., Socio-technical systems and interaction design – 21st
century relevance, *Applied Ergonomics*, 2017, 45(2, Part A), 162–170. doi.
org/10.1016/j.apergo.2013.05.011.

5장 애플의 주가가 오른 이유는?

5-1 Yahoo Finance.

5-2 서울대학교 공급망관리연구실.

5-3 서울대학교 공급망관리연구실.

6장 당일 배송에 중독되다

6-1 「인사이트 24, 코로나 시대, 새벽 배송이 뜬다」, 《테크42》(2020년 9월 8
일), www.tech42.co.kr/%EC%BD%94%EB%A1%9C%EB%82%98-
%EC%8B%9C%EB%8C%80-%EC%83%88%EB%B2%BD-
%EB%B0%B0%EC%86%A1%EC%9D%B4-%EB%9C%AC%
EB%8B%A4/.

6-2 「새벽배송 컬리, '계획된 적자' 끝이 보인다」, 《머니투데이》(2024년 3월 3
일), news.mt.co.kr/mtview.php?no=2024022914421239663.

6-3 「쿠팡, 8분기 만에 다시 적자 전환…영업 손실 342억」, 《한겨레》(2024
년 8월 7일), www.hani.co.kr/arti/economy/economy_general/1152575.
html.

6-4 삼성 SDS Warehousing & Distribution.

6-5 Inside Amazon's technology test-bed, *The Engineer*(2019년 2월 18일).

6-6 「쿠팡 물류 혁신의 비결, 뒤죽박죽 넣는 '랜덤 스토우'」, 《한국일보》(2019
년 2월 8일).

6-7 「다임리서치, '물류 군집로봇' 제어 솔루션의 강자」, 《*INFOSTOCK
DAILY*》(2023년 4월 19일), www.infostockdaily.co.kr/news/articleView.

html?idxno＝191380.

7장 가내 수공업에서 미래 스마트 공장까지

7-1 「멕시코에 밀린 한국 車산업…도요타·ＶＷ보다 생산성 낮고 임금은 높아」, 《조선비즈》(2019년 2월 11일).

7-2 www.joongang.co.kr/article/25055271.

7-3 Boars Head Mills, Darley Abbey by Martin Froggatt, CC BY-SA 2.0 <creativecommons.org/licenses/by-sa/2.0>.

7-4 Clem Rutter, Rochester Kent, CC BY-SA 3.0 <http://creativecommons.org/licenses/by-sa/3.0/>.

7-5 www.charliechaplin.com.

8장 데이터로 읽는 기술의 미래

8-1 Xianjin, Z., & Minghong, C., Study on early warning of competitive technical intelligence based on the patent map, *Journal of Computers*, 2010. 5(2), 274-281.

8-2 en.wikipedia.org/wiki/History_of_telecommunication.

8-3 www.smithsonianmag.com.

8-4 www.donga.com/news/Economy/article/all/20240109/122971532/1.

8-5 www.bizwnews.com/news/articleView.html?idxno＝66133.

8-6 www.digitaltoday.co.kr/news/articleView.html?idxno＝529414.

8-7 www.digitaltoday.co.kr/news/articleView.html?idxno＝537024.

9장 결혼 피로연과 신문 가판원 이론

Gallego, G., & Moon, I., The distribution free newsboy problem: review and extensions, *Journal of the Operational Research Society*, 1993. 44(8), 825-834.

He, Y., Zheng, Y., Chen, X., Liu, B., & Tan, Q., Water resources allocation considering water supply and demand uncertainties using newsvendor model-based framework, *Scientific Reports*, 2023. 13(1), 13639.

Lau, R., Shum, S., & Yiu, K., Arome Bakery: Replenishment of Fresh Bakery Products, *Harvard Business Review*, 2016.

Lee, N. R., 「'만석이라 탑승 안된다'…美 델타항공, 한국인 승객 태우지 않고 출발해 논란」(2019년 11월 14일), www.chosun.com/site/data/html_dir/2019/11/14/2019111401288.html.

Min, D. K., Stochastic Programming Approach to Scheduling Elective Surgeries and the Effects of Newsvendor Ratio on Operating Room Utilization, *Korean Management Science Review*, 2011, 28(2), 17-29.

Park, S. M., 「혜리도 당했다… 예약하고도 못 타는 항공사 '오버부킹' 피해」(2023년 9월 1일), www.chosun.com/national/national_general/2023/08/31/IKHSH63BQVDZPKU5UCJ5NXBZWA/.

Popli, N., Why Airlines Overbook Flights and How to Negotiate a Deal, *Mass News*, www.massnews.com/why-airlines-overbook-flights-and-how-to-negotiate-a-deal/.

Scarf, H. A min-max solution of an inventory problem, *Studies in the Mathematical Theory of Inventory and Production*, 1958, Stanford University Press, Stanford, CA, 201-209.

10장 최소 투자로 최대 성과를 실현하라

10-1 Lewis, M., *Moneyball: The Art of Winning an Unfair Game*, W. W. Norton & Company, 2003.

10-2 en.wikipedia.org/wiki/Sabermetrics.

10-3 홍성필, 『경영과학』(제3판)(율곡출판사, 2022년).

10-4 Heiney, J., Lovrien, R., Mason, N., Ovacik, I., Rash, E., Sarkar,

N. Travis, H., Zhao, Z., Ching, K., Shirodkar, S., Kempf, K., Intel Realizes $25 Billion by Applying Advanced Analytics from Product Architecture Design Through Supply Chain Planning, *INFORMS Journal on Applied Analytics*, 2021, 51(1), 9-25.

10-5 Allgor, R., Cezik, T., Chen, D., Algorithm for Robotic Picking in Amazon Fulfillment Centers Enables Humans and Robots to Work Together Effectively, *INFORMS Journal on Applied Analytics*, 2023, 53(4), 247-331.

10-6 Manyika et al., "Big data: The next frontier for innovation, competition, and productivity", 2011, McKinsey Global Institute.

11장 항공권 가격의 비밀

11-1 변종국, 「코로나 이후 항공료 고공행진…여행 수요 급증이 원인」(2023년 6월 12일). www.donga.com/news/Economy/article/all/20230612/119730585/1.

11-2 강다은, 이기우, 「여객수요 늘었는데 국제선 찔끔 늘려」(2023년 4월 24일). www.chosun.com/economy/industry-company/2023/04/24/T4OOU4GIYJE77O72O55GEL23XA/.

11-3 Smithsonian National Air and Space Museum.

11-4 Cachon, G., Terwiesch, C., *Matching supply with demand: an introduction to operations management*, McGraw-Hill, 2023.

11-5 priceva.com/blog/yield-management-pricing.

12장 하늘 위의 퍼즐, 항공사 승무원 스케줄링

12-1 Anbil, R., Gelman, E., Patty, B. and Tanga, R., Recent Advances in Crew-Pairing Optimization at American Airlines, *Interfaces*, 1991, 22(1), 62-74.

12-2 Yu G., Argüello, M., Song, G., McCowan, S. M., White, A., A New Era for Crew Recovery at Continental Airlines, *Interfaces*, 2003, 33 (1), 5-22.

12-3 홍성필,『경영과학』(제3판)(율곡출판사, 2022년).

13장 기술의 숨겨진 가치를 발견하려면

13-1 www.chosun.com/site/data/html_dir/2010/08/30/2010083 001617.html.

13-2 dbr.donga.com/article/view/1206/article_no/4322/ac/search.

13-3 biz.chosun.com/site/data/html_dir/2016/01/03/2016010 300045.html.

13-4 www.yna.co.kr/view/AKR20141008092051073.

13-5 economychosun.com/site/data/html_dir/2022/01/24/20220 12400032.html.

13-6 dbr.donga.com/article/view/1206/article_no/4322/ac/search.

14장 일상 속 확률과 통계적 추론

14-1 Janes, E. T., *Probability Theory - The logic of science*, Cambridge University Press, 2003.

14-2 Pascal and the Invention of Probability Theory, *American Mathematical Monthly*, 1960, 67(5).

14-3 The probability of injustice, *Economist*, January 22, 2004.

14-4 Kahneman, D. *Thinking, Fast and Slow*, Farrar, Straus and Giroux, 2013.

14-5 Kucharski, A., *The Perfect Bet: How Science and Maths are Taking the Luck Out of Gambling*, Basic Civitas Books, 2016.

14-6 Ellenberg, J., How Not to Be Wrong: The Power of Mathematical

Thinking, Penguin Books, 2015.

14-7 Kahneman, D., *op. cit.*

15장 혁신과 데이터로 읽는 투자 미래

15-1 Markowitz, H., Portfolio Selection, *The Journal of Finance* 7-(1), pp. 77-91, 1952.

15-2 Black F. and Litterman R.: Asset Allocation Combining Investor Views with Market Equilibrium, *Journal of Fixed Income*, September 1991, 1-(2): pp. 7-18.

15-3 Pyo, S., Lee, J., Exploiting the low-risk anomaly using machine learning to enhance the Black-Litterman framework: Evidence from South Korea, *Pacific-Basin Finance Journal*, 51, 1-12, 2018.

15-4 Ko, H., Son, B., Lee, J., A Novel Integration of the Fama-French and Black-Litterman Models to Enhance Portfolio Management, *Journal of International Financial Markets, Institutions and Money*, 91, 101949, 2024.

15-5 Ko, H., Byun, J., Lee, J., A Privacy-Preserving Robo-Advisory System with the Black-Litterman Portfolio Model: A New Framework and Insights into Investor Behavior, *Journal of International Financial Markets, Institutions and Money*, 89, 101873, 2023.

15-6 Malkiel, B. G., *A Random Walk down Wall Street: The Time-Tested Strategy for Successful Investing*, W. W. Norton & Company, New York, 1973.

15-7 www.cnbc.com/2023/03/29/chatgpt-and-ai-might-have-a-future-as-your-portfolio-manager-study-suggests.html.

15-8 markets.businessinsider.com/news/stocks/chatgpt-ai-revolutionize-portfolio-management-artificial-intelligence-investing-bardopenai-2023-3.

15-9 Ko, H., Lee, J., Can ChatGPT Improve Investment Decisions? From a Portfolio Management Perspective, *Finance Research Letters* 64, 105433.

15-10 Son, B., Lee, J., Graph-based multi-factor asset pricing model, *Finance Research Letters* 44, 102032, 2022. Park, J., Ko, H., Lee, J., Modeling Asset Price Process: An Approach for Imaging Price Chart with Generative Diffusion Models, *Computational Economics*, 1-27, 2024.

15-11 Park, J., Kim, H., Choi, Y., Lee, W., Lee, J., Fast sharpness-aware training for periodic time series classification and forecasting, *Applied Soft Computing* 144, 110467, 2023.

15-12 Son, B., Lee Y., Park, S., Lee, J., Forecasting global stock market volatility: The impact of volatility spillover index in spatial-temporal graph-based model, *Journal of Forecasting*, 2023.

15-13 Jang, H., Lee, J., Generative Bayesian neural network model for risk-neutral pricing of American index options, *Quantitative Finance* 19 (4), 587-603, 2019.

15-14 Jeong, W., Park, S., Lee, S., Son, B., Lee, J., Ko, H., Influence and Predictive Power of Sentiment: Evidence From the Lithium Market, *Finance Research Letters* 68, 105871, 2024.

15-15 BIG IDEAS 2024, *Annual Research Report* by ARK Investment Management.

15-16 Ko, H., Son, B., Lee, J., Portfolio Insurance Strategy in the Cryptocurrency Market, *Research in International Business And Finance* 67, 102135, 2024.

16장 새로운 이동의 시대와 자율 주행차

윤명환, 박태준, 박우진, 반상우, 『사용자 중심 디자인을 위한 인간공학』(생능출판사, 2021년).

Park, S., Yoon, B., Cho, S., Yun, M., Chung, C., Kim, C., Lee, S., & Kim, S., A product and service design framework for autonomous vehicle: Identifying and systematizing user needs via graph-based social media analysis and activity theory. In 2023 IEEE 26th International Conference on Intelligent Transportation Systems(ITSC), 2023, pp. 4195-4200. IEEE. doi.org/10.1109/ITSC57777.2023.10422371.

찾아보기

미래를 만듭니다

AI 세상을 바꾸는 산업공학

1판 1쇄 찍음   2026년 1월 30일
1판 1쇄 펴냄   2026년 2월 13일

지은이 조성준, 문일경, 박건수, 박우진, 윤명환, 이경식, 이덕주, 이성주, 이재욱
펴낸이 박상준
펴낸곳 (주)사이언스북스

출판등록 1997. 3. 24.(제16-1444호)
(06027) 서울특별시 강남구 도산대로1길 62
대표전화 515-2000 팩시밀리 515-2007
편집부 517-4263 팩시밀리 514-2329
www.sciencebooks.co.kr

ⓒ 조성준, 문일경, 박건수, 박우진, 윤명환, 이경식, 이덕주, 이성주, 이재욱, 2026.
Printed in Seoul, Korea.
ISBN 979-11-94087-30-4 93500